できるビジネス

達人が教える現場の実践ワザ

マイクロソフト チームズ

Microsoft Teams 踏み込み活用術

太田浩史 著

インプレス

著者プロフィール

太田浩史（おおたひろふみ）

株式会社内田洋行

1983年生まれ、秋田県出身。2010年に自社のOffice 365（当時BPOS）導入を担当したことをきっかけに、多くの企業に対してOffice 365導入や活用の支援をはじめる。Office 365に関わるIT技術者として、社内の導入や活用の担当者として、そしてひとりのユーザーとして、さまざまな立場の経験から得られた等身大のナレッジを、各種イベントでの登壇、ブログ、ソーシャルメディア、その他IT系メディアサイトなどを通じて発信している。2013年にはMicrosoftにより個人に贈られる「Microsoft MVP Award」を受賞。日本最大のOffice 365ユーザーグループ「Japan Office 365 Users Group」の共同運営メンバーでもある。

電子版書籍のダウンロード特典について

本書の電子書籍（PDF版）を、
インプレスブックスのサイトからダウンロードできます。
https://book.impress.co.jp/books/1120101161

※上記ページの[特典]を参照してください。ダウンロードにはClub Impressへの会員登録（無料）が必要です。

はじめに

Microsoft Teamsは、数多くの企業で利用されているコラボレーションツールです。日々のアクティブユーザー数は、全世界で1億4,500万人を超えたとされています。2020年からはテレワークに取り組む企業も増え、特にこの1年間は目に見えてユーザーが増えたと実感できました。Teamsを利用したビデオ会議も、当たり前に行われています。

Teamsはビデオ会議に限らず、チャットやファイルの共有、他のアプリとの連携など、さまざまな機能と使い方があります。それゆえに知らない機能や、知っていても使ったことがない機能もあることでしょう。さらには次々に新しい機能が追加されているので、その数の多さに驚く人もいるかもしれません。

Teamsを使いこなすのに、すべての機能を利用する必要はありません。あくまでも主役はユーザー自身や業務であり、Teamsはその舞台装置です。自分たちの業務に必要な機能を利用できさえすれば、それがすなわちTeamsを使いこなしていることになります。

本書では、Teamsの基本的な操作方法の説明よりも、筆者である私が実際に使っていて便利に感じている機能や、それらを使うための考え方を盛り込むことを重視しました。すべての機能を取り上げられてはいませんが、普段の仕事で頻繁に使う機能を厳選して解説しています。みなさんが、自分にとって必要な機能や使い方を発見することにも役立つはずです。

現在の私たちの仕事の多くは、社内外の同僚やパートナーとともに、チームとなって進めることが多くなっています。Teamsは、名前の通りチームで利用することによってその実力が発揮されるツールです。チームのメンバー全員が、Teamsの使い方や効果を理解し使うことによって、業務をよりよくしていくことができます。本書で活用のコツやヒントを得たら、自分だけではなくみなさんのチームのメンバーにも教えてあげてください。

本書がみなさんにとって、Teamsをさらに楽しく、生き生きと使うきっかけになれば幸いです。

2021年6月　太田浩史

CONTENTS

第1章／チームとチャネルの運用

第2章／チャットの使いどころ

第3章 ／ ビデオ会議の円滑化

第4章 ／ アプリと個人の設定

- 本書で紹介している操作は、すべて2021年6月現在での情報です。
- 本書では「Windows 10」と「Microsoft Teams」、「Microsoft 365 Apps」の各アプリがインストールされているパソコンで、インターネットに常時接続されている環境を前提に画面を再現しています。
- 本文中で使用している用語は、基本的に実際の画面で表示されている名称に則っています。

第 1 章

チームとチャネルの運用

チャネル分けやメッセージでのやりとりのコツ、
共有ファイルの管理など、
チームとチャネルに関するワザを紹介しています。

チームはメンバー単位で、チャネルは話題で分ける

チーム／チャネル／アプリ

チームとチャネルの理解からTeams活用が始まる

Microsoft Teamsの最大の特徴は、利用者をチームの単位に分け、その中でコラボレーションすることです。そのため、まず**チームとは何か、そしてチームの中にあるチャネルの仕組みを理解する**ことが大切です。

以下の図は、Teamsに作成されたチームを概念的に示したものです。チームにはパブリックチームやプライベートチームがあり、各チームごとに複数のチャネルがあります。各チャネルはアプリで構成されており、それぞれに必要なものを組み合わせて利用できます。チームメンバーは基本的にチーム内のすべてのチャネルを利用できますが、プライベートチャネルは限られたメンバーしか利用できません。

チームとチャネルの構成

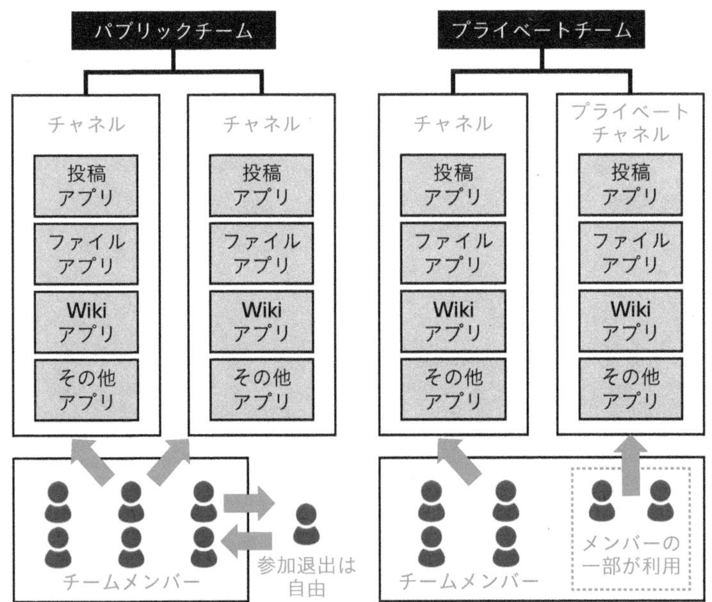

チームは部署やプロジェクトごとに作成

チームは、情報の共有を行う単位です。部や課ごとに作成されるもののほか、プロジェクトやタスクフォース、あるいは有志で集うコミュニティごとに作成されることが多くあります。

チームの原則は、会話やファイルなどのやりとりがメンバー全員と共有されることです。オープンなコミュニケーションの実現や、素早い情報伝達が期待されます。

また、後からチームに参加したメンバーも、それまでに共有されていたすべての情報を閲覧・検索できます。やりとりを再度共有する必要はありません。

チームには「プライベート」「パブリック」の2種類があります。主な違いは、メンバー以外のユーザーが検索してチームを探せるかと、新メンバーの追加時にチームの所有者の承認が必要かどうかです。詳しくはワザ02（P.14）を参照してください。

チャネルは話題やタスクごとに作成

チャネルは、メンバーが共有する話題やタスクを整理するための単位です。[投稿]や[ファイル]などのアプリで構成されており、1つのチームの中に複数作成できます。ファイルサーバーにフォルダーを作成してファイルを整理するのと同様に、あらかじめチャネルを作成して、その中でやりとりすることで、チーム内の情報の整理が可能です。

どのチームにも、自動的に「一般」チャネルが作成されます。これは主にチームの目的やお知らせの共有、メンバー間の汎用的なコミュニケーションに利用されます。どのようなチャネルがチームに必要かが決まっていない場合、**まずは一般チャネルを使いながら、必要に応じてチャネルを作成していく**ことも活用に向けた1つのステップです。作成するチャネルの例は、ワザ08（P.34）を参照してください。

チームと同じように、チャネルにも「プライベートチャネル」があります。これはチーム内の特定のメンバーだけが利用できるチャネルです。限定されたメンバーへの情報共有に便利ですが、管理が煩雑になるので、最小限の利用がおすすめです。詳しくはワザ09（P.40）を参照してください。

❶チームごとに❷チャネルが作成される。チャネルは話題に応じて自由に追加できる。カギのアイコンが付いているものが❸プライベートチャネル。

アプリはチャネルに必要な機能を構成する

各チャネルには標準で「投稿」「ファイル」「Wiki」の3つのアプリが用意されており、タブで切り替えられます。その他にも、チームにはアプリを追加可能です。

中でもチャネルのタブとして追加できるアプリは、チャネルごとに必要な機能や情報を構成するのに便利です。OneNoteやWord、Excel、PowerPoint、Microsoft Planner、Microsoft Forms、Microsoft Listsなどがタブとしてよく利用されています。

その他のMicrosoft 365のサービスや他社のクラウドサービスとも連携できる仕組みが、Teamsの強みの1つです。あらかじめ用意された機能だけを使うのではなく、自分たちの業務にあわせて組み合わせて利用できるところが便利な部分であり、一方で難しい部分でもあります。使いこなすには、とりあえず試してみるという意識も必要です。どのような機能や使い方があるかについては、ワザ18（P.68）を参考にしてください。

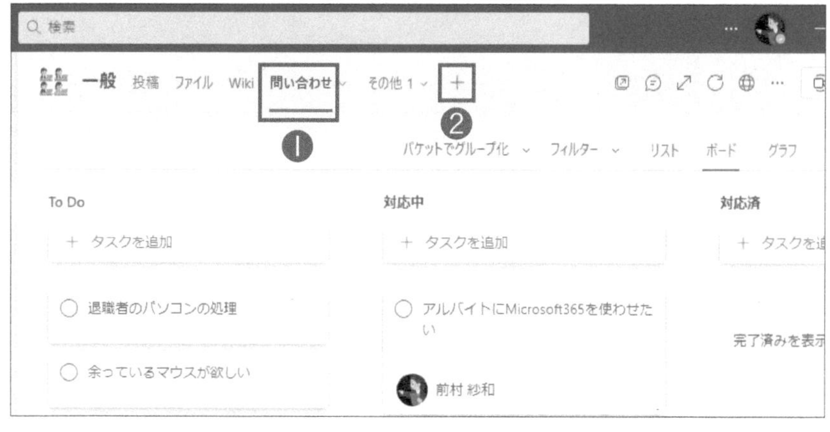

❶タブ形式のアプリを、チャネルごとに追加できる。新たなアプリを追加するには❷［タブを追加］をクリック。

タブとして追加するアプリの選択画面が表示された。Microsoft 365 のアプリや、さまざまなクラウドサービスから提供されているアプリを自由に利用できる。

間違いを恐れず使うのが活用のカギ

Teamsは「チーム」「チャネル」「アプリ」の3つの要素で構成されます。これらを自分たちの業務に適した形になるよう、上手く組み合わせて利用していきます。

チームやチャネル、タブは、自由に作成・削除できます。はじめのうちは、とりあえず必要そうなものを作成し、**上手く活用できなければ削除するつもりで、試行錯誤しながら進める**ことも検討しましょう。そして、間違いを恐れず利用するだけでなく、他のメンバーの間違いを許容できる雰囲気を作ることも、Teamsの活用に欠かせません。

迷ったらプライベートチームを作成する

チームを作成（最初から）／チームを管理

チームは自由に作成可能

チームは、ユーザーが自由に作成可能です。プロジェクトや社内のコミュニティなど、一緒に作業を行うメンバー同士ですぐに利用できます。

チームの作成は、作成方法の選択、プライバシーの設定、チーム名の入力、そしてアイコン画像の設定という手順で進めます。まずは作成方法の選択です。いちからチームを作成する場合は［最初から］を選択しましょう。チームができた後に、チャネルやメンバーを自由に追加できます。

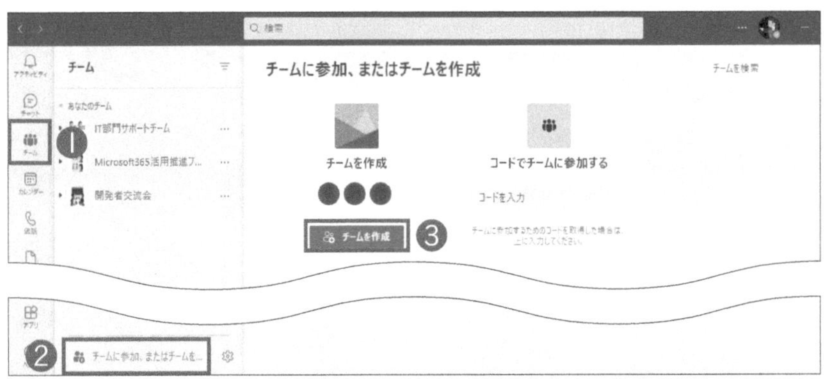

❶［チーム］→❷［チームに参加、またはチームを作成］→❸［チームを作成］を順にクリック。

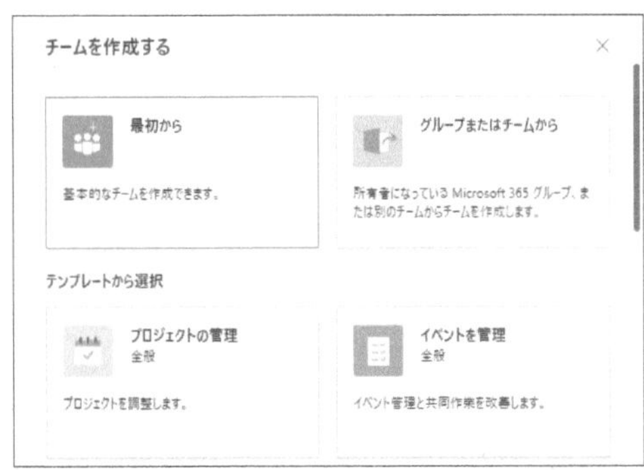

［チームを作成する］が表示された。ここから作成方法を選択できる。［最初から］と［グループまたはチームから］のほか、テンプレートも用意されている。

チームのプライバシーは後から変更可能

チームのプライバシーは「プライベート」と「パブリック」のどちらかを選択します。プライベートを選択した場合、ユーザーがチームに参加する際にチームの所有者の承認が必要です。パブリックを選択した場合は社内のユーザーが検索して探すことができるうえ、自由に参加できます。

部や課、プロジェクトなど、組織や通常業務に関するチームや、顧客に基づくチームはプライベートを選択することがほとんどです。一方、お知らせや製品情報の共有、ヘルプデスクなど、社内と広く情報を共有してやりとりしたい場合はパブリックを選択します。その他、組織を横断して職種や役割に基づいたようなチームは、メンバーの参加や管理方法に応じて使い分けます。

どちらにすべきか迷う場合は、プライベートチームを作成しましょう。チームのプライバシーは後から変更可能です。チームのメンバー以外に共有すべきでない情報を伴う業務は多くありますし、誰に見られているか分からない場所への投稿をためらうユーザーもいます。使ってみて、**より広く情報を共有すべきだと判断されたら、パブリックチームに変更する**とよいでしょう。

また、より広く社内のユーザー同士のコミュニケーションを促したい場合は、「Yammer」の利用も検討しましょう。Yammerは、Microsoft 365に含まれる社内SNSです。複数のコミュニティを作成でき、メンバー同士が気軽にコミュニケーションを行うのに適しています。

以下の表は、チームのプライバシー設定の具体例です。新たなチームを作成するときの参考にしてください。

プライバシー設定の具体例

チームのプライバシーの設定	プライベート		プライベートまたはパブリック	パブリック
用途	組織ベースのチーム	プロジェクトや顧客ベースのチーム	組織を横断した職種や役割に応じたチーム	社内と広く情報を共有するためのチーム
例	・総務部 ・人事部 ・第2営業部 ・製品開発部	・Teams導入プロジェクト ・2022年度新卒採用 ・株式会社○○	・営業チーム ・デザイナーチーム ・プログラム開発者チーム	・お知らせ情報 ・社内ヘルプデスク&FAQ ・テレワーク悩みごと相談

分かりにくいチーム名は利用の妨げになる

チームの種類が決まったら、次はチーム名を決めましょう。社内の誰が見てもチームの目的が分かりやすいものにしてください。

特にパブリックチームは、ユーザーが検索してチームを探すケースを考慮しましょう。**凝った名前を付けてしまったために検索で見つけられず、次第に使われなくなる**場合もあります。

悩んだときは、次のようなワードを含めると分かりやすいチーム名にできます。

- プロジェクト名や業務名
- 目的や役割名
- 日付など（3月、第一四半期、2021年など）
- 顧客名
- 顧客や製品の管理番号などの社内の共通用語

アイコン画像を設定して親しみやすくする

ほとんどのユーザーは、複数のチームに参加しています。その数はさまざまですが、中には50を超えるチームに参加している場合もあります。

特に参加チームが多い人にとって、チームのアイコン画像は目的のチームを見つけるための重要な目印です。それだけでなく、チームに対しての親近感を生む効果もあります。所有者でないとアイコンを設定できないため、チームの作成と同時に必ず設定しておきましょう。

アイコンは、まじめなものや面白いもの、かわいいものなど、自由に設定して構いません。ただし、大きい画像を指定すると縮小されてしまうため、風景写真のようなものはあまり適していません。

筆者は「いらすとや」からチームに合った画像を探したり、「Hatchful」のような無料のロゴ作成サイトを利用したりする場合が多いです。迷った場合は参考にしてみてください。

かわいいフリー素材集 いらすとや
https://www.irasutoya.com/

Hatchful — シンプルで簡単なロゴメーカー
https://hatchful.shopify.com/ja/

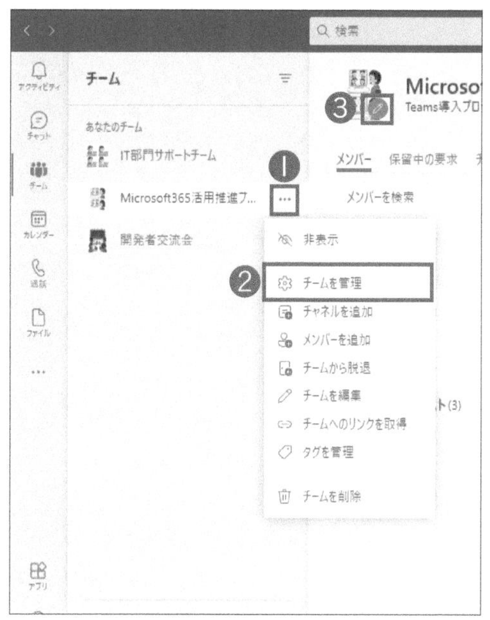

❶［その他のオプション］をクリック、もしくはチーム名を右クリックして❷［チームを管理］→❸［チームの画像を変更］を順にクリックすると、チームの画像のアップロード画面が表示される。

作成者自身がチームを管理する意識を持つ

どのユーザーでも自由にチームを作成できる状態が基本ですが、一部の企業では、IT部門などの特定のユーザーのみがチームを作成できるように制限したり、申請制にしたりしていることがあります。こうした運用は、部や課など、組織の単位で作成されたチーム以外を利用する機会がない場合はあまり問題になりません。

しかし、プロジェクト型の業務など、頻繁に新たなチームが作成される場合には、どのユーザーでもチームを作成できる状態がやはり理想です。Teamsの利便性を高めることにもつながります。

IT部門など、Teams全体の管理担当者は、自社の業務の進め方や従業員の声を参考にしながらポリシーの策定を進めましょう。また、利用者の立場でも、特にチームを自由に作成できる場合、そのチームを適切に管理する責任が自分たちにあると認識することが重要です。

特にチームの管理においては、チームの作成やメンバー管理は積極的に行われる一方で、**チームの削除がおろそかにされがち**です。チームの管理には、作成、利用、削除までが含まれることを意識しましょう。チームの削除については、ワザ24（P.90）で詳しく説明しています。

既存のチームを利用して新しいチームを作成する

チームを作成（グループまたはチームから）／Microsoft 365 グループ

他のチームのチャネルを転用する

［チームを作成する］画面で［グループまたはチームから］をクリックすると、すでに利用しているチームのチャネル構成や設定をコピーした新たなチームを作成できます。

特に、人事部の新卒採用プロジェクトなど、年度ごとにチームを切り替えたいときに便利です。プロジェクトのプロセスに大きな変更がなければ、**過去のプロジェクトのチャネル構成を流用して新しいチームにスムーズに移行**できます。

なお、コピーできる項目は［チャネル］［タブ］［チームの設定］［アプリ］［メンバー］です。チャットでの会話や共有されているファイルなどはコピーできません。

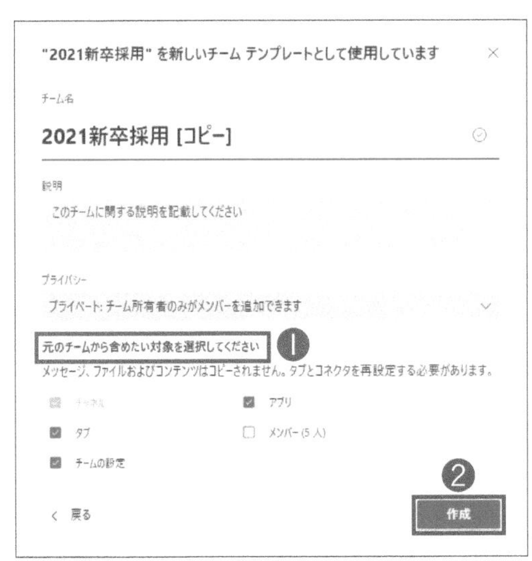

［グループまたはチーム］→［チーム］を順にクリックすると、［どのチームを使用しますか？］と表示される。設定をコピーしたいチーム名をクリックすると、［最初から］チームを作成するときと同様に、チーム名やプライバシーを設定できる。❶［元のチームから含めたい対象を選択してください］から、コピーする項目を選択して❷［作成］をクリックすると、新しいチームが作成される。

チャットとメールを併用するメリット

[グループまたはチームから]では、既存のMicrosoft 365グループに対してチームを作成することも可能です。例えば、Outlookで作成していたグループにチームを追加すると、同じメンバーでグループのメールとチームのチャットの両方を使った情報共有が実現できます。

Outlookのグループには、固有のメールアドレスが割り当てられています。このアドレスをメールの宛先やCCに入れて送信すると、グループのメンバーにメールが届くだけでなく、グループのメールボックスにもメールが追加されるので、メールを使った情報の集約に役立ちます。

Teamsのチームのチャットはメンバー間でのやりとりに便利な反面、メンバー以外のユーザーがチーム内のメンバーに対して情報共有する方法がありません。そのようなとき、チームと同じメンバーで構成されたOutlookのグループにメールを送信すれば、スムーズに情報を共有できます。

なお、グループメールは社外からのメールを受け取る設定に変更可能です。顧客別のグループとチームを作成すれば、顧客とのメールでのやりとりをグループのメールボックスに集約しながら、チームのチャットでその顧客に対する情報を共有することもできます。

以下の図は、チームのチャットとグループメールを利用したコミュニケーションを表したものです。チームのメンバーは、チーム内での会話はチャット、チーム外との会話はメールという形で使い分けることになります。

チャットとメールの使い分け

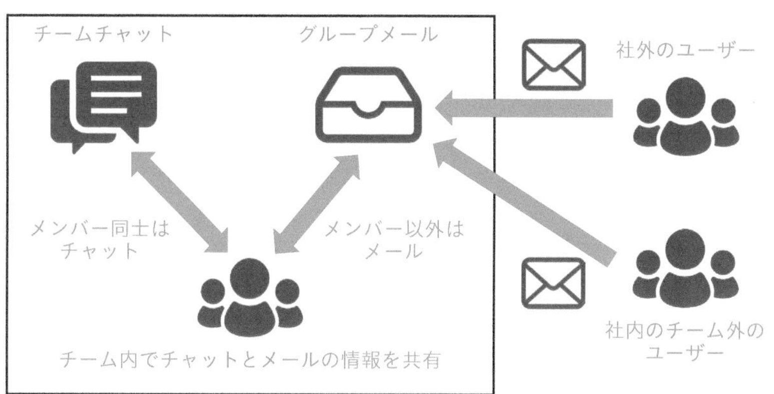

Outlookのグループを作成する

Outlookを開き、[ホーム] タブ→[新しいグループ] を順にクリックすると、グループの作成画面が表示される。グループ名とメールアドレスを入力して❶ [作成] をクリックすると、[メンバーを追加] に切り替わる。

[ホーム] タブ→ [グループ設定] を順にクリックすると、[グループの編集] を表示できる。❷ [組織外のユーザーがグループにメール送信できるように許可します。] にチェックを付けると、社外からのメールもグループで共有できる。

グループにチームを追加する

このOutlookで作成したグループにTeamsのチームを追加すれば、グループメールとチャットやファイル共有を利用した情報共有を併用できます。チームにメンバーを後から追加すると、チームでのやりとりだけでなく、Outlookのグループにも追加されるので、それまでに共有されたメールも確認可能です。

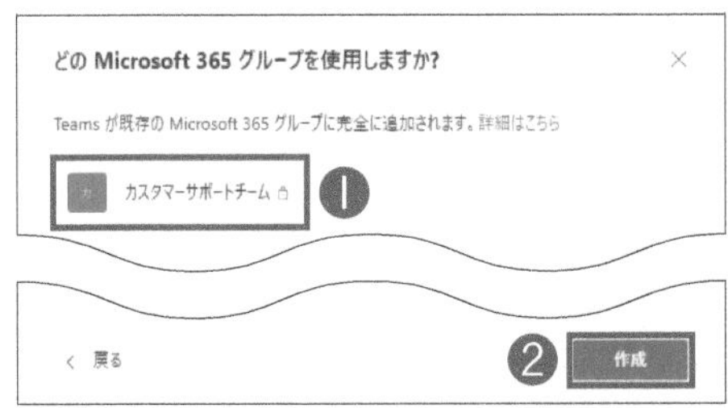

[グループまたはチーム]→[Microsoft 365 グループ] の順にクリックすると、[どのMicrosoft 365 グループを使用しますか?] と表示される。❶Outlookで作成したグループを選択して❷ [作成] をクリックすると、そのグループに対してチームを追加できる。

1つのグループに複数サービスを連携できる

Teamsからチームを作成したり、Outlookからグループ作成したりすると、裏側ではAzure Active Directoryに「Microsoft 365 グループ」が同時に作成され、集中管理されます。Microsoft 365 グループは、1つのグループに複数のサービスを紐づけて利用できる仕組みになっています。

Microsoft 365 グループに紐づくサービスには、下図で示したOutlookのグループやTeamsのチームのほか、Microsoft Plannerのプラン、SharePointのチームサイト、Yammerのコミュニティがあります。これらを新しく利用するときは、それを使いたいメンバーで構成されたMicrosoft 365 グループがすでに存在しないかを確認するのが鉄則です。この仕組みを理解していないと、1つのプロジェクトに対して同じメンバーで構成されたMicrosoft 365 グループが重複して作られ、メンバー管理の手間が増加する事態を招きます。

例えば、あるプロジェクトの情報共有にTeamsのチームを利用していて、新たにタスク管理用にPlannerのプランを作成するとします。このときにプランを新規作成すると、同じメンバーで構成されたMicrosoft 365 グループが2つできてしまいます。Teamsのチームに対してタブとしてプランを作成すれば、グループは1つで済むうえ、片方でメンバーを管理すればもう1つのサービスにも反映できます。

なお、複数のMicrosoft 365グループを統合する機能はありません。1つにまとめたい場合は、メンバーやファイルなどのコンテンツを手作業で移す必要があります。同じメンバーで複数のツールを柔軟に使い分けたいときは、既存のMicrosoft 365 グループに紐づけられないか検討しましょう。

Microsoft 365 グループで管理されるサービス

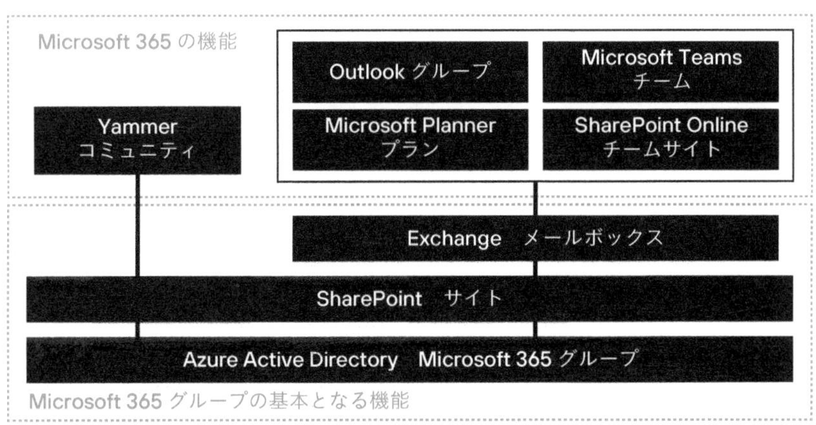

所有者は2名以上設定する

チームの管理／Teams 管理センター

所有者がチームのメンバーを管理できる

チームには、複数のユーザーをメンバーとして追加できます。**メンバーの役割は「所有者」と「メンバー」の2種類**があり、特に所有者はメンバー管理において重要です。

所有者は、チームに関するすべての管理操作ができます。特にプライベートチームでは、メンバーが他のユーザーをチームに追加する場合、所有者の承認が必要です。また、プライバシー設定がどちらであっても、チームのメンバーを削除できるのは所有者だけです。

所有者がユーザーをチームに追加する場合、チームの種類によらず同様に操作できます。パブリックチームの場合はメンバーも他のユーザーを自由に追加できますが、追加されたユーザーの役割はメンバーとなり、所有者でない限りその役割の変更もできません。

チームのプライバシー設定やメンバーの役割ごとにできる操作の違いについては、以下の表を確認してください。

所有者とメンバーの役割の違い

チームのプライバシー設定	プライベート			パブリック	
操作	メンバーの追加	メンバーの追加を承認	メンバーの削除	メンバーの追加	メンバーの削除
所有者	できる	できる	できる	できる	できる
メンバー	所有者に追加要求を送信	できない	できない	できる	できない

メンバーを追加する

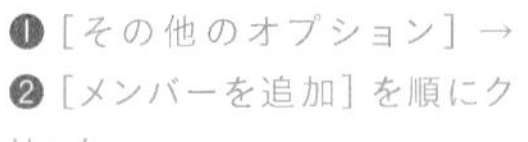

❶［その他のオプション］→❷［メンバーを追加］を順にクリック。

Microsoft365活用推進プロジェクトにメンバーを追加

チームに追加するために名前、配布リスト、またはセキュリティグループを入力してください。メールアドレスを入力することで、組織外のユーザーをゲストとして追加することもできます。

名前またはグループを入力してください　追加

荻津 悠美子 OGITSU　メンバー

倉谷 利行 KURAYA　メンバー

所有者

メンバー

閉じる

❸でユーザーを検索して候補をクリックした後に❹［追加］をクリックすると、メンバーとして追加される。❺で所有者に変更できる。

メンバーとして所属しているプライベートチームの場合、［メンバーを追加］をクリックすると、新たなメンバーの追加を所有者にリクエストできる。所有者が承認すると、メンバーが追加される。所有者は、チームの管理画面の［保留中の要求］からリクエストを承認できる。

メンバーを削除する

P.17を参考に、チームの管理画面を表示しておく。❶［メンバー］→❷［メンバーおよびゲスト］を順にクリックすると、メンバーの一覧が表示される。削除したいメンバーの❸［×］をクリックすると、チームから削除される。

所有者の不在を防ぐ

所有者が1人しかいないチームは、その所有者が異動や退職などでチームから抜けたとき、チームを管理できるユーザーも同時にいなくなってしまいます。

チームの所有者は、複数名指定可能です。**所有者が不在になる事態を回避するためにも、2名以上を設定しておく**ことを強くおすすめします。また、所有者がチームから抜ける場合には、先に他のメンバーを所有者に指定しておくことも重要です。

［メンバーおよびゲスト］から、所有者に変更したいメンバー横の❶→❷［所有者］を順にクリックすると、所有者に変更される。

管理センターで所有者を設定する

チームに所有者がいなくなってしまった場合、IT部門の管理者などに依頼して、Teams管理センターから新たな所有者を指定してもらう必要があります。

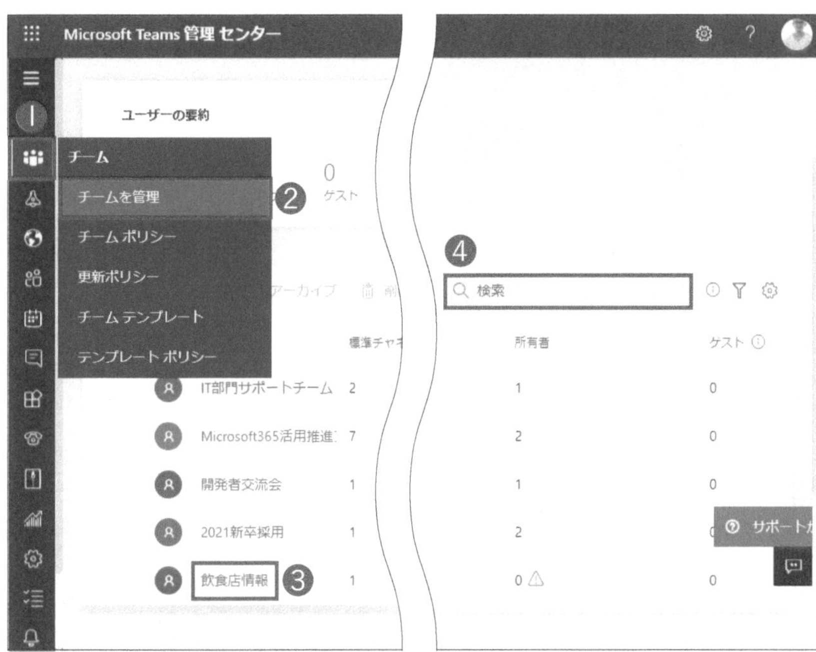

Teams管理センターにアクセスし、❶［チーム］→❷［チームを管理］を順にクリック。続いてチームの一覧から所有者を設定する❸チームの名前をクリック。❹でチーム名の検索も可能。

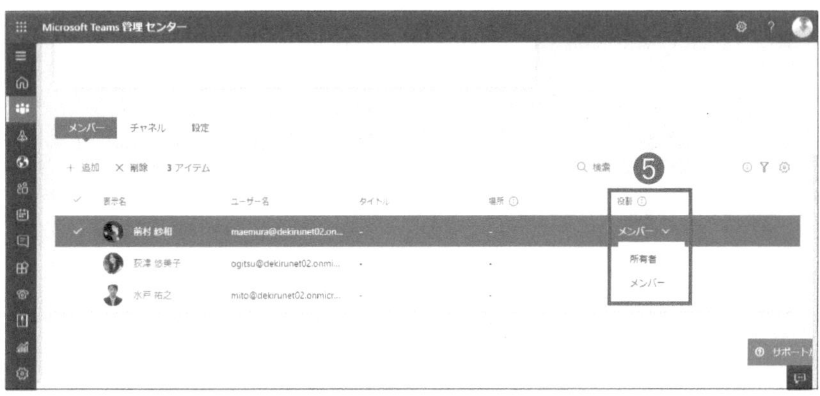

メンバーの一覧が表示された。❺［役割］でメンバーを所有者に変更できる。

ゲストを追加するときは新しいチームを作成する

ゲスト／アクセス許可

ゲスト専用のチームを新たに作成する

近ごろは、社外のユーザーとのコミュニケーションにTeamsを活用しようとする企業が増えています。その反面、社外に公開すべきではない情報が、共有されてしまう危険性を心配する人も少なくありません。

社外のユーザーをゲストとして招待するときは、現在利用しているチームに追加するのではなく、専用の新たなチームを作成しましょう。特に、これまでも社内のメンバーで利用してきたようなチームでは、どういった情報が保存されているのか、メンバーであっても把握しきれていないものです。**必要な情報だけ新たなチームで共有すれば、安心して利用できます**。

また、少し気付きにくいですが、ゲストが参加しているチームには、チームにゲストが含まれていることを知らせる表示がチャネルの[投稿]タブの右上にあります。参加したばかりのチームなどでは、投稿を行う前などに表示を確認し、共有してもいい情報なのかを判断しましょう。

ゲストが含まれているチームには、❶[○人のゲスト]と表示される。

ゲストをチームに招待する

社外のユーザーをゲストとしてチームに招待するには、メンバーの追加画面(P.23)でそのユーザーのメールアドレスを入力します。その後、招待されたユーザーには、チームに参加するためのリンクが記載されたメールで通知が届くので、アクセスするとチームに参加できます。

ゲストとして招待されたユーザーは、自社のMicrosoft 365アカウントや個人のMicrosoftアカウントのほか、招待元の設定によりワンタイムパスコード認証によってチームに参加することができます。

Microsoft 365アカウントを持たないユーザーは、ワンタイムパスコード認証での利用が今後は主流になるようです。また、どのようなユーザーを招待できるかは、IT部門により制限されている場合があります。

ゲストのアクセス許可を設定する

ゲストをチームに招待する場合、チームの所有者は［ゲストのアクセス許可］を設定し、ゲストがチームでどのような操作が行えるのかを制御できます。設定できる項目は、チャネルの作成・更新や削除の権限です。参加しているゲストが業務上でも相応の権限を委譲しているパートナーなどの場合には、これらを許可してもいいでしょう。

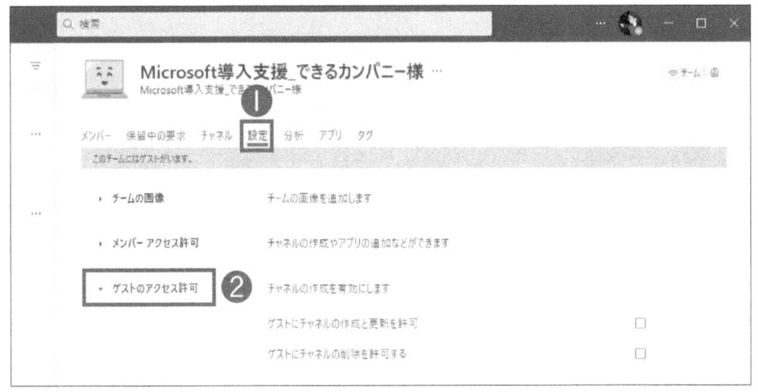

チームの管理画面の❶［設定］→❷［ゲストのアクセス許可］から設定できる

テナントの切り替えが不要になる新機能

他社のチームに招待された場合、そのチームにアクセスするにはTeamsアプリでサインインしているテナントを、その会社のものに切り替える必要があります。右上の自身の顔写真のアイコンをクリックし、招待されている会社名を選択すれば切り替えられます。

テナントを切り替えなければゲストとして参加しているチームの様子が分からないこの方法は、ユーザーにとっては少々不便でした。こうした意見を受け、2021年後半には、チームのチャネル単位で社外のゲストを招待でき、招待された側は自身のテナントから直接そのチャネルを利用できる「Teams Connect」機能の提供が予定されています。

メンバー追加の手間を減らす方法

チームコード／チームへのリンク／Microsoft 365グループ

既存のグループのメンバーをまとめて追加する

部や課など、特に組織に応じたチームを作成する場合、たくさんのメンバーを1人ずつ追加するのは大変です。[メンバーを追加] でユーザー名の代わりにセキュリティグループ、配布リスト、Microsoft 365グループを指定すると、それらのメンバーをまとめて追加できます。

例えば、他のチームのメンバーを丸ごと新たなチームに追加したい場合には、メンバー追加時にそのチームの名前を入力して指定できます。また、IT部門の管理者が部署単位でセキュリティグループを作成しているなら、部署に応じたチームの作成時にそのグループを指定すれば、メンバーの追加が完了します。セキュリティグループは、入れ子になっていても構いません。

グループの情報は、あくまで追加時のみ有効です。**元のグループのメンバーが入れ替わっても、チームのメンバーには反映されない**ため注意してください。追加後のメンバー管理はチームごとに個別に行う必要があります。

IT部門の管理者が、組織に応じてセキュリティグループなどのグループを作成しておくことは、Teamsを利用するユーザーにとっても利便性を高めることにつながります。

チームコードを利用してチームに参加する

チームによっては、チームに関係がある人や、興味がある人であれば誰でも自由に参加してほしいこともあります。各ユーザーに、より簡単にチームに参加してもらうには「チームコード」が便利です。

チームコードは、所有者がチームの管理画面から生成できます。コードを利用すれば、ユーザーが好きなタイミングでチームに参加可能なうえ、**パブリックチームであってもプライベートチームであっても所有者の承認は不要**です。

便利に活用できる例の1つとして、会議中のシーンがあります。会議を開催してみて、今後も同じメンバーでの情報共有を継続したい場合、その場で新たなチームを作成します。そして会議のチャットでチームコードを共有することで、出席者がすぐにチームに参加し、そのままチームでのコミュニケーションを開始できます。

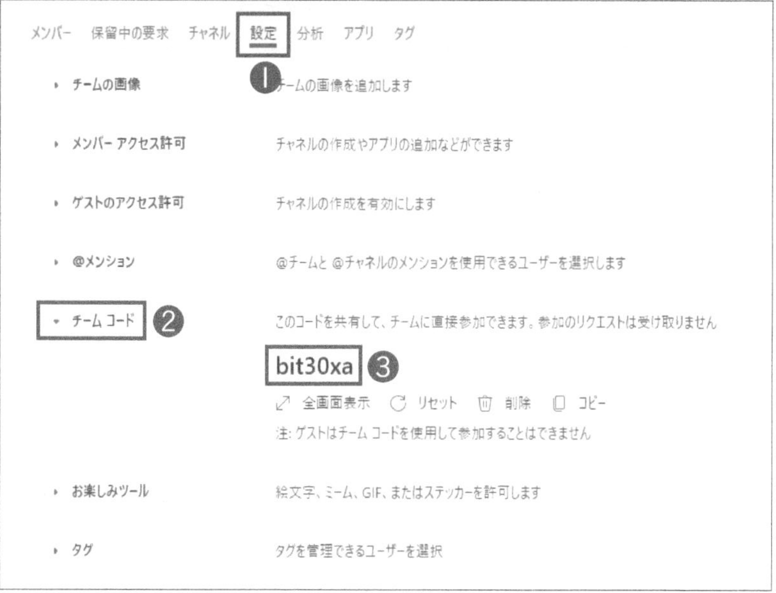

P.17を参考に、チームの管理画面を表示しておく。❶［設定］→❷［チームコード］→［生成］を順にクリックすると、❸チームコードが作成される。

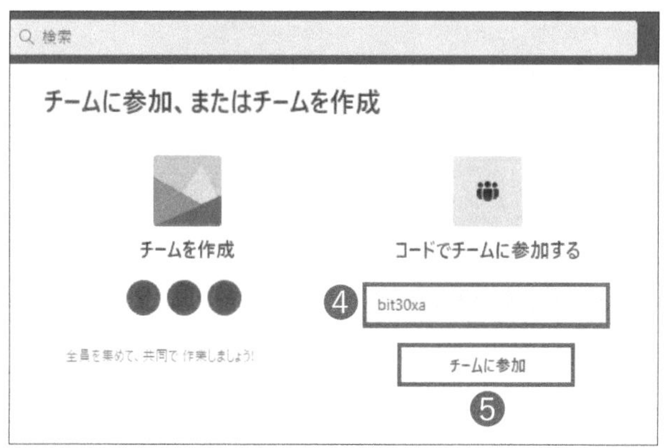

［チームに参加、またはチームを作成］をクリックすると、［コードでチームに参加する］が表示される。共有されたコードを❹［コードを入力］に入力して❺［チームに参加］をクリックすると、参加できる。

チームのリンクを利用してチームに参加する

チームのメンバーであれば、誰でも「チームへのリンク」を作成できます。パブリックチームには、リンクのURLにユーザーがアクセスすれば直接参加可能です。プライベートチームの場合は、ユーザーがリンクへアクセスすると、チームの所有者に参加リクエストが送信されます。**所有者がリクエストを承認することで、チームに参加できます**。

より広く、誰にでもチームに参加してもらいたい場合はチームコードが最適です。所有者によるメンバー管理も行いたい場合は、チームへのリンクが向いています。これらをメールのほか、SharePointやYammerなどを通じて共有すると、チームに興味を持つ人が参加しやすくなります。

ただし、チームコードとチームへのリンクは、社外のゲストユーザーの招待には利用できません。社外のユーザーをチームに追加したい場合は、所有者が追加する必要があります。

❶［その他のオプション］→❷［チームへのリンクを取得］を順にクリックすると、チームへのリンクが取得できる。

チームに所属していないユーザーがリンクにアクセスすると、チームの概要が表示される。❸［参加］をクリックすると、チームに参加または参加をリクエストできる。

チームの一覧を見やすく整理する

並べ替え／非表示／アーカイブ

よく使うチームは上部に並べる

Teamsの利用が活発になり参加しているチームが増えると、目的のチームを探すのが少し大変になってきます。中には数十チームに参加しているユーザーもいるでしょう。

そうしたときには、チームの一覧を並べ替えて整理しましょう。頻繁に更新されたり、参照したりするチームを上部に表示させると、アクセスしやすくなります。

特に新しく作成したり参加したりしたチームは、一覧の最下部に表示されていることがよくあります。忘れずに並べ替えておくと、更新情報を見逃しません。

チームの一覧でチーム名をドラッグ&ドロップすると、任意の順番に並べ替えられる。

あまり使われないチームは非表示に

作成されてから時間が経ったチームの中には、ほとんど使われなくなったものも出てきます。このようなチームは非表示にすると、一覧が整理されます。非表示に設定されたチームは、一覧の下にある［非表示のチーム］にまとめられ、クリックして展開するまで表示されません。

チームの並べ替えを小まめにしておくと、あまり利用しないチームが自然と一覧の下に溜まります。これらをまとめて非表示にすれば、必要なチームを見つけやすくなり一覧を快適に利用できます。非表示にしたチームは元の一覧に戻せるので、しばらく使っていないチームであればとりあえず非表示にしてもいいでしょう。

一定期間利用されていないチームは、自動的に非表示になる場合もあります。目的のチームが一覧に表示されていない場合には、非表示のチームの中に移動していないかも確認してみましょう。

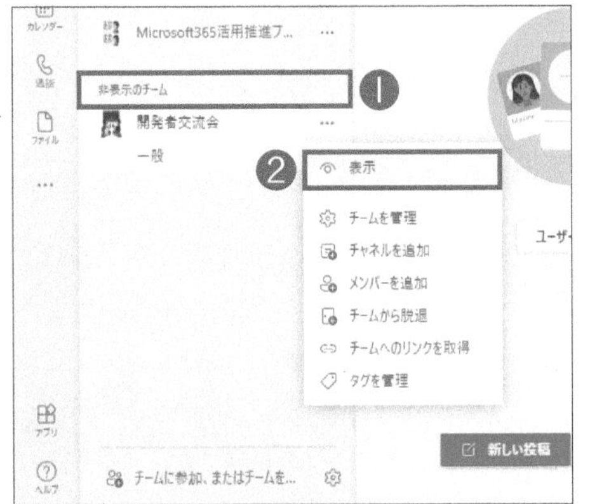

チームの［その他のオプション］→［非表示］を順にクリックすると、一覧に❶［非表示のチーム］が追加される。クリックすると展開し、非表示にされたチームを確認できる。再び表示するには［その他のオプション］→❷［表示］を順にクリックする。

役目を終えたチームには投稿できないようにする

チームの所有者は、チームを「アーカイブ」に設定して読み取り専用モードにできます。プロジェクトが終了したなどの理由で利用されなくなったチームは、各メンバーが非表示にしている場合が多いです。そこに新たな投稿があると気付かれにくいため、利用できる状態にしておくとかえって伝達ミスが生じることもあります。

役目を終えたチームをアーカイブにしておき投稿できなくすることで、混乱を防ぎながらも過去の情報は参照できる状態にできます。

ただし、チームの一覧には表示されなくなるので、そのチームの情報を参照するには［チームを管理］からアクセスする必要がある点にも注意しましょう。

所有者は、チームを削除することも可能です。ただし、一度削除してしまった場合、ユーザーの操作では復元できません。IT部門などのTeams管理者であれば、削除されてから30日間は復元可能ですが、それを過ぎると復元する手段はなくなります。

一方、アーカイブに設定したチームはいつでも復元可能です。**不要になったチームを削除したいときでも、一定期間はアーカイブとして設定**しましょう。削除してしまう前に、必要なファイルを退避させたり、業務で使われないことをあらためて確認したりできます。

次ページの図は、チームのアーカイブと復元、削除の関係を表したものです。

所有者はメンバー管理以外にも、こうしたチームを管理する操作についても理解が必要です。

所有者が可能なチームに対する操作

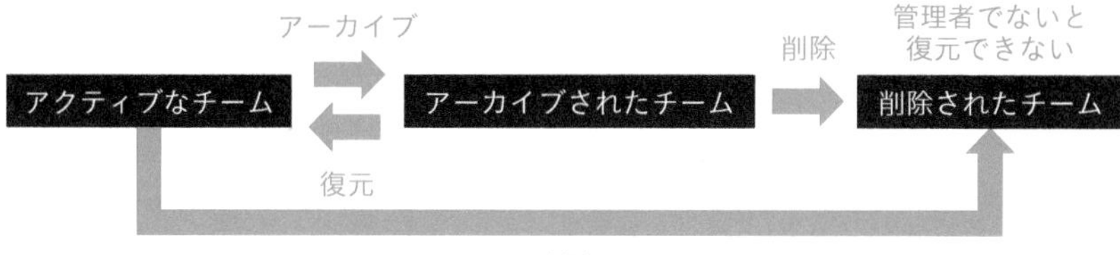

チームをアーカイブする

❶［チームを管理］→❷［アーカイブ］を順にクリックすると、アーカイブされたチームを一覧で確認できる。❸［その他のオプション］→❹［チームをアーカイブ］を順にクリック。

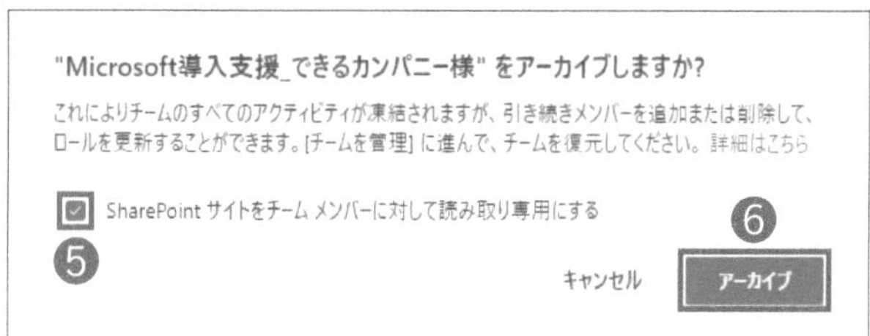

❺にチェックを付けると、共有されたファイルもすべて読み取り専用にできる。❻［アーカイブ］をクリックすると、チームがアーカイブされる。

業務に適したチャネルを作成するポイント

チャネルを追加／Wiki

1つの業務は1つのチャネルで完結させる

チームには複数のチャネルを作成できます。チームを効果的に利用するには、チャネルごとにチーム内の情報を整理することが重要です。情報の集約と分離のバランスや、メンバーが仕事を進めやすい単位であるかを考慮して、チャネルを作成しましょう。

社内でMicrosoft 365の活用推進を行うプロジェクトを例に、チャネルの分け方を考えてみましょう。以下の図を見てください。まず、TeamsやSharePoint Onlineなど、サービスごとにチャネルを作成する方法が考えられます。ほかには、調査・検証やマニュアル作成など、タスクごとにチャネルを作る方法もあるでしょう。

一般的にこうしたプロジェクトでは、サービスごとに担当者を割り当てることが多いです。この場合、サービスごとにチャネルを作成すれば、関連する会話やファイルなどのリソースが1か所に集約されるため、各担当者が効率よく作業できます。

タスク別で分ける方法が間違っているわけではありません。チームの目的が同じでも、業務の進め方によって適したチャネルは異なります。基本的には、**各担当者やサブグループなどと関連させてチャネルを作成する**と、利用しやすいです。

業務の進め方によって適したチャネルは異なる

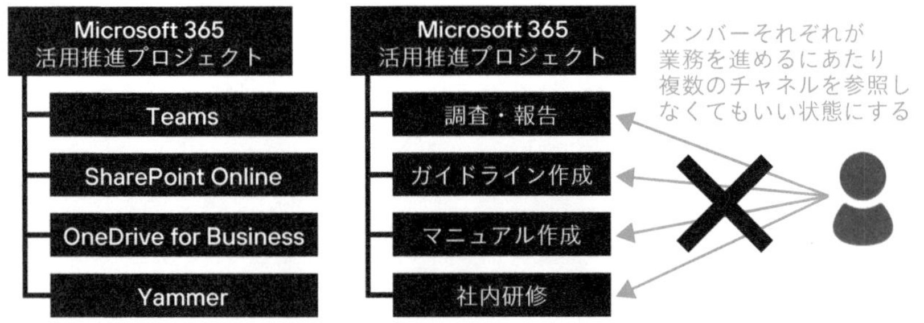

チャネルを追加する

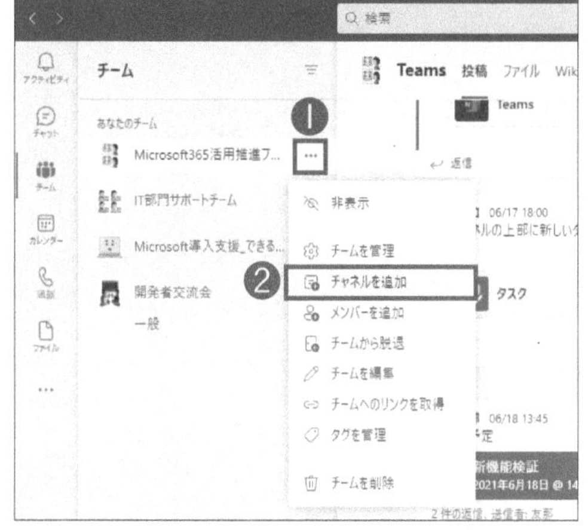

チームの❶［その他のオプション］→❷［チャネルを追加］を順にクリック。

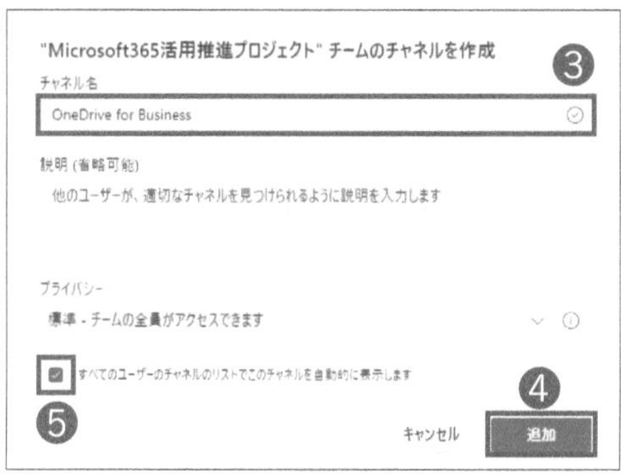

❸［チャネル名］を入力して❹［追加］をクリックすると、チャネルが追加される。［説明］の入力や［プライバシー］の設定も可能。❺にチェックを付けると、すべてのユーザーのチャネルの一覧でチャネルが表示された状態になる。

すべてのメンバーにチャネルを表示する

すでにチームに多くのチャネルがある場合、チャネルを新たに作成しても非表示のチャネルとしてまとめられてしまうため、存在に気付かれないことがあります。所有者は、チャネルの作成時にすべてのメンバーに対してチャネルを表示するように設定し、**新しいチャネルが見落とされる事態を防ぎましょう**。ただし、メンバーがチャネルを作成した場合は、この設定はできません。

作成済みのチャネルであっても、所有者は［チームを管理］から、メンバー全員にチャネルが表示されるよう設定可能です。いずれかの方法で表示するように設定されたチャネルでも、メンバーそれぞれが個別に非表示にできる点には注意しましょう。

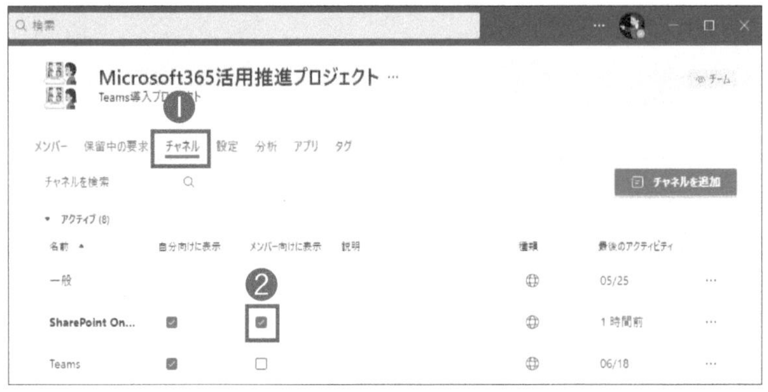

チームの［その他のオプション］→［チームを管理］を順にクリックし、❶［チャネル］をクリックすると、チャネルの一覧が表示される。❷［メンバー向けに表示］にチェックを付けたチャネルは、メンバー全員に表示される。

コミュニケーション用のチャネルを分ける

チームを利用していくと、メンバー間のコミュニケーションの場所が必要になることがほとんどです。しかし、業務とは直接関係ない雑談などを業務やタスクに合わせて作成したチャネルで行うと、雑音になってしまいます。

業務で使うものと、一般的なコミュニケーションで使うチャネルは、明確に分けておくといいでしょう。ここではコミュニケーション用に作成しておくと便利なチャネルのアイデアを紹介します。

お知らせチャネル

チームのメンバーが他のメンバーに対して何かしらのお知らせを投稿するためのチャネルです。お知らせを集約しておくことで、メンバーはこのチャネルから必要な情報を適切に得ることができます。

お知らせチャネルは新たに作成してもいいですが、チームにはじめから作成されている「一般」チャネルを利用することもあります。一般チャネルはどのユーザーも非表示にできず、すべてのチームメンバーに確実に情報が表示されるため、お知らせに向いているのです。

このチャネルでは「投稿時には必ず件名を付ける」「メンバーはチャネルの通知設定を行っておく」などのルールを設けてもいいでしょう。

雑談チャネル

日頃のちょっとした情報共有や、会話などの雑談を行うためのチャネルです。こうした雑談はチームではなく個別のチャットを利用する場合もありますが、メンバー間の結束を高めるためにもチームのチャネルを利用するのがおすすめです。Teamsの操作に慣れていないメンバーの練習用にも使えます。

質問チャネル

業務上の疑問や、チームの運用に関する質問などを投稿するためのチャネルです。質問と回答がチャネルで共有されていれば、他のメンバーが同様の疑問を持ったときに探し出せるため、回答者と質問者双方にとって時間の短縮につながります。また、こうしたチャネルがあれば、メンバー間のちょっとしたやりとりが当事者間のみのチャットで行われてしまうことを防ぎます。

投稿時に必ず「件名」を付けることをルールにしておくと、後から他のメンバーも探しやすくなります。

依頼チャネル

メンバー間の依頼ごとなどを投稿するチャネルです。これを1つのチャネルに分けておくと、依頼した相手の見落としを防ぐだけでなく、他のメンバーからチーム内のタスクの見通しを良くする効果もあります。タスクをよりしっかりと管理したい場合は、Microsoft Plannerをタブのアプリとして追加することも可能です。

このチャネルでは、依頼したい相手に必ずメンションを付けて投稿するルールを設けておきましょう。

定期報告チャネル

プロジェクトによっては、日次や週次などの定期報告やレポートが必要なものもあります。こうした情報はマネージャーがまとめてチェックしたり、他のメンバーが後から参照したりするなど、チャネルとして分けておくと便利な場面が多くあります。

報告のための定型フォーマットを用意する場合、Power AppsアプリやMicrosoft Formsアプリの利用も検討できます。

Wikiを利用してルールを整理する

チームにどのようなチャネルがあり、それぞれどのような使い方をするのか、共有されたファイルはどのように整理するのかなど、チームやチャネルの日々の運用に関わるルールは、メンバーと共有しておきましょう。チームのメンバー全員が歩調を合わせて同じように利用できるようになると、Teamsをより快適に使えます。

メンバーが参照しやすい状態でルールをまとめるには「Wiki」が便利です。

Wikiはチャネルに最初から用意されているタブで、テキストをメインとした簡単な情報をまとめられる、非常にシンプルな機能です。情報はセクション単位で記載していきます。セクションだけでなく、ページの追加も可能です。簡単なテキストの装飾もできるので、Wordを使う感覚で利用できます。

さらに、セクションごとに会話を紐づけられるため、書かれている内容についてメンバーと議論したり、共有したりするのにも役立ちます。チームのルールをWikiで共有する場合には、それぞれのセクションについてメンバーに編集を依頼したり、運用の実態ににそぐわないルールがあれば議論したりできます。

人数が多かったりメンバーの出入りが頻繁にあったりして、**チャネルの数が多くなっているチームでは、ルールの整理がスムーズな利用の助けになる**でしょう。

チャネルの❶［Wiki］タブは、テキストで簡単に情報をまとめられる。セクションにマウスポインターを合わせて❷［セクションの会話を表示］をクリックすると、セクションに会話を追加できる。ルールについて議論するときなどに便利。

チャネルの並び順は名前で工夫する

チャネルはチームとは異なり、順番を並べ替えることができません。文字コードによって自動的に順番が決まります。

順番にこだわりたい場合は、「1_お知らせ」「2_質問」「3_依頼」のようにチャネル名の先頭に番号を付けましょう。数字が2桁以上になる場合は「1」→「11」→「12」→「2」のように1を優先して並ぶので、「01」とする必要があります。

階層構造を表現する

チャネルは階層構造を持つことができません。そのため、チャネル間の関係性を表したい場合は、チャネルの名前で工夫する必要があります。

冒頭の「Microsoft 365活用推進プロジェクト」のチームを例に、各サービスごとにチャネルを分けたうえでタスク別のチャネルも作成するとします。この場合「Teams_調査・検討」「Teams_ガイドライン作成」「Teams_マニュアル作成」などのように、チャネル名の先頭にメンバーが識別できる単語を入れれば、階層構造を表現可能です。

ただし、チャネル名が長くなりすぎるとすべて表示できないため、全角20文字までにしておくことをおすすめします。

絵文字を使ってチャネルを目立たせる

特に見てもらいたいチャネルは、チャネル名に絵文字を付けて目立たせることもおすすめです。利用しているパソコンがWindows 10であれば[⊞]+[.]キーを押すと絵文字を入力できます。チャネルの先頭や末尾に絵文字を加えるだけで、識別しやすくなります。

先頭に絵文字を入れた場合は、先頭に数字を付けたチャネルより上に並びます。

チャネルの名前を変更する

チャネルの名前は、後から変更できます。ただし現時点では、チームで共有されたファイルが保存されているSharePoint上のフォルダー名は、変更されません。そのため、チャネルの名前を変更しすぎると、SharePointからファイルを探すときに保存場所が分からなくなり混乱する原因となります。大幅な変更は避けたほうがいいでしょう。

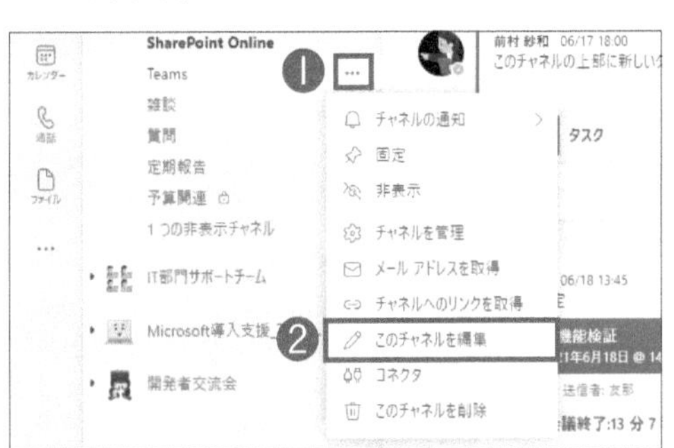

チャネル名を右クリック、もしくは❶[その他のオプション]→❷[このチャネルを編集]を順にクリックすると、チャネル名の編集画面が表示される。

プライベートチャネルの乱立はチームを考え直すサイン

プライベートチャネル

プライベートチャネルを作成する

チームを利用するうえでの原則は、情報がメンバー全員に共有されることです。Teamsを利用するメリットもその点にあります。

しかし、同じチームのメンバーであっても、予算や人事リソース、その他の機密情報など、他のメンバーに知られては困る情報を限られたメンバーで共有したいこともあるかもしれません。そうした場面で使えるのが、チームの一部のメンバーだけが利用できる「プライベートチャネル」です。

既定ではプライベートチャネルはチームのメンバーであれば誰でも作成できますが、社外のゲストメンバーは作成不可能です。通常のチャネルと同様の手順で作成できますが、プライバシーの設定をした後にメンバーを個別に追加する部分が異なります。

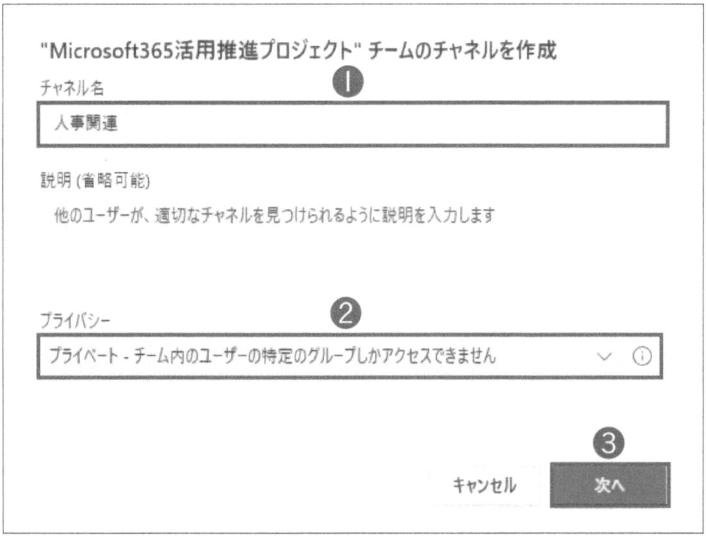

"Microsoft365活用推進プロジェクト" チームのチャネルを作成

チャネル名 ❶

人事関連

説明 (省略可能)

他のユーザーが、適切なチャネルを見つけられるように説明を入力します

プライバシー ❷

プライベート - チーム内のユーザーの特定のグループしかアクセスできません

❸

キャンセル　次へ

P.35を参考に❶[チャネル名]を入力し、❷[プライバシー]で[プライベート]を選択する。❸[次へ]をクリックすると、メンバーの追加画面に移動する。

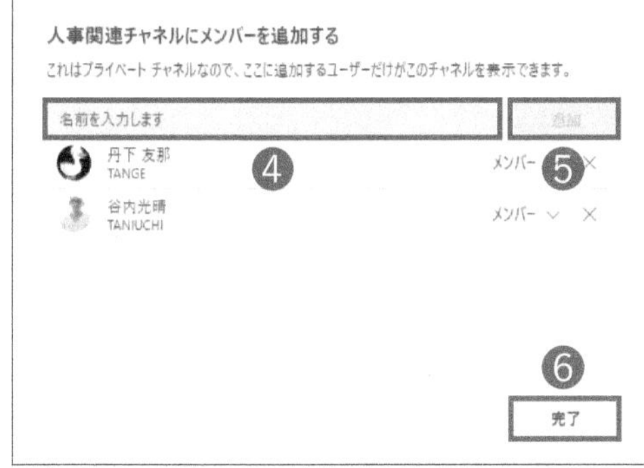

❹でメンバーを検索して候補をクリックした後に❺［追加］をクリックすると、メンバーが追加される。ここで追加できるのはチームのメンバーのみ。❻［完了］をクリックすると、プライベートチャネルができる。

❼プライベートチャネルには鍵のアイコンが表示される。チームのメンバーであっても、チャネルのメンバー以外は見ることができない。

プライベートチャネルごとに所有者が設定される

プライベートチャネルには、チームと同様に所有者を指定する必要があり、作成直後はチャネルを作成したユーザーが所有者になります。**チームと同様に２名以上を所有者としておく**ことが望ましいでしょう。

プライベートチャネルの唯一の所有者であるユーザーは、チームから退出できません。退職などによって唯一の所有者のユーザーアカウントが削除された場合は、チャネルのメンバーの誰かひとりが自動的に所有者に昇格します。万が一プライベートチャネルのメンバー全員が削除されたときは、IT部門などの管理者に依頼して、Teams管理センターから新たなプライベートチャネルの所有者を指定してもらう必要があります。

大本のチームの所有者は、チーム内のプライベートチャネルの名前や所有者を確認したり、チャネルを削除したりできます。ただし、プライベートチャネル内の会話やファイルなどは、そのチームの所有者であっても、プライベートチャネルのメンバーになっていない限りは見ることができません。

チャネルの作成後は、プライベートチャネルを通常の標準チャネルに変更したり、標準チャネルをプライベートチャネルに変更したりすることはできません。チャネルのプライバシー設定は作成時のみ可能です。

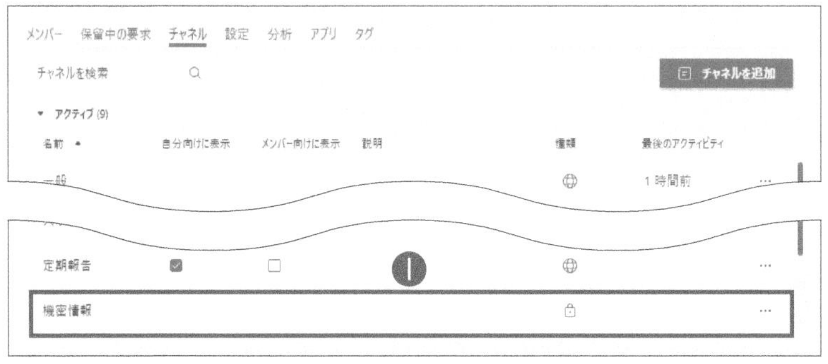

チームの所有者は、チームの管理画面から❶プライベートチャネルの存在を確認できる。チャネル内の会話やファイルを見ることはできない。

プライベートチャネルは本当に必要?

場合によっては便利なプライベートチャネルですが、メンバーがチャネルごとに異なるため、プライベートチャネルごとにメンバーを管理する必要があります。つまり、プライベートチャネルの数が増えれば増えた分だけ管理の手間がかかるということです。

チームの中にさまざまなメンバーでのプライベートチャネルができるということは、元のチームが実際の業務には適していなかったとも考えられます。こうした場合には、プライベートチャネルを作成するのではなくチームから考え直し、新たなチームを作成してもいいでしょう。

実際のところ、筆者はこれまでプライベートチャネルが必要とされ、利用されている場面をほとんど見たことがありません。チーム内の情報は、メンバー全員と共有していいものであり、共有すべきものです。**あえてプライベートチャネルを作成して共有するメンバーを限定する必要があるのか、業務上それは本当に必須なのかを考えてみてもいいでしょう。**

さらに、プライベートチャネルにはチャネル会議予定が作成できなかったり、Plannerなど一部のアプリを利用できなかったりするなど、機能上の制約がいくつかあります。こうした理由からも、プライベートチャネルは使いどころを慎重に検討すべきといえます。

大事なチャネルは固定、無関係のチャネルは非表示

固定／非表示／削除

頻繁にアクセスするチャネルは固定する

チームやチャネルが増えてくると、目的のチャネルを見つけ出すのが大変になってきます。このような場合、チャネルの固定が便利です。固定したチャネルはチーム一覧の上部にまとめて表示されるため、特に重要なチャネルを固定しておけば、簡単にアクセスできます。

❶［固定］されたチャネルは、チーム一覧の上部にまとめて表示される。

関わりのないチャネルは非表示にする

参加しているチームの中には、自身の業務には関わりのないチャネルが含まれているものもあるでしょう。そうしたチャネルまで、常に確認する必要はありません。チャネルを非表示に設定すると、不要なチャネルが非表示のチャネルとしてまとまり、一覧を整理できます。

ただし「一般」チャネルは非表示にできません。一般チャネルはチームのメンバー全員に必ず表示される特別なチャネルです。そのため、チームにとって重要な情報は一般チャネルに投稿するのがいいでしょう。

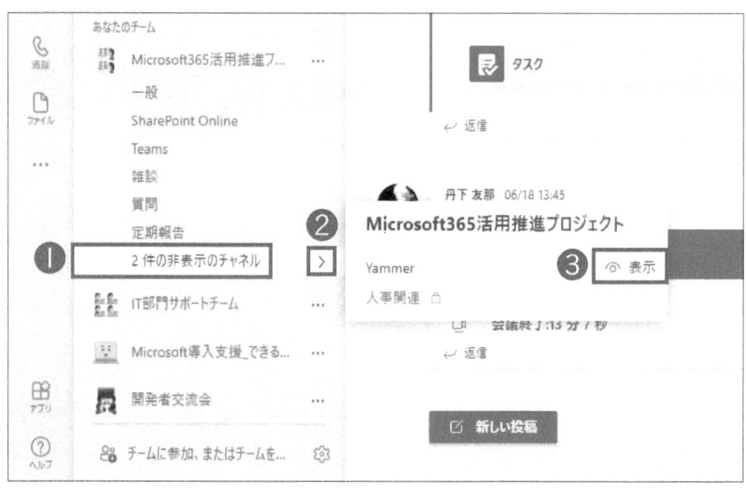

非表示に設定したチャネルは、❶[〇件の非表示のチャネル]としてまとめられる。❷をクリックするとメニューが展開し、チャネルを確認できる。❸[表示]をクリックすると、一覧に再び表示される。

固定表示と非表示の使い分け

以下の表では、チャネルの固定表示や非表示について、業務上の関わりの度合いでどの状態にしておくべきかをまとめています。

普段の業務で利用するチャネルを基準とし、**1日に何度も利用するようなチャネルは固定表示にする**といいでしょう。業務上ほとんど関わりがなく見る必要のないチャネルは、非表示にしても問題ありません。ただし、非表示のチャネルは通知設定ができなくなり、チャネルメンションの通知が受け取れないため、注意が必要です。

チャネルの表示方法による違い

表示方法	固定表示	通常	非表示
関わりの度合い	高：頻繁に利用	中：自身の業務に関連	低：ほとんど見る必要がない
動作	チーム一覧の上部に「固定」チャネルとして強調される	チームを展開すると表示される	「非表示のチャネル」としてまとめられ、チャネルメンションの通知を受け取らない

誰も利用していないチャネルは削除する

作成したものの利用されなかったものや、利用されなくなったものなど、不要になったチャネルは削除しましょう。所有者がメンバーによるチャネルの削除を禁止していない場合は、メンバー全員が削除可能です。

チャネルを削除すると、チャネルの会話はすべて削除されてしまいます。しかし、チャネルで共有されていたファイルは、チームに紐づくSharePointサイトのライブラリに残るため、SharePointから引き続き利用できます。

削除されてから30日以内であれば、チャネルは復元できますが、期限を過ぎてしまうと復元できません。そのため、まずは非表示にして本当に利用しないかを確認したり、チームのメンバーと確認しあったりしてから削除しましょう。また、削除したチャネルが復元できる期間中は、同じ名前のチャネルは作成できない点にも注意が必要です。

チャネルの一覧を整理する

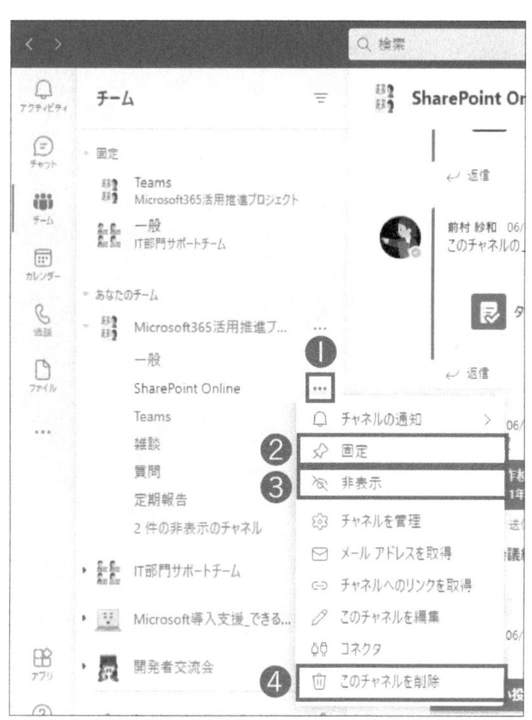

整理したいチャネルの❶［その他のオプション］をクリックすると、❷［固定］や❸［非表示］で表示を変更できる。固定や非表示を解除する場合も❶から変更する。使われていないチャネルは❹［このチャネルを削除］から削除できる。

メッセージの投稿に便利なテクニック

投稿／書式／保存

メッセージを投稿する

チャネルの投稿タブにある［新しい投稿］ボタンをクリックすると、メッセージの入力ボックスが表示されます。これに文字を入力して送信するのが、チャネルにメッセージを投稿するもっとも気軽な方法です。このとき、ボックスの下部にあるアイコンから、絵文字やステッカーを挿入してメッセージを装飾すると、より柔和に感情を表現したコミュニケーションができます。

Enter キーを押すと即座にメッセージが送信されるので、注意が必要です。テキストを改行したい場合には Shift ＋ Enter キーを押してください。

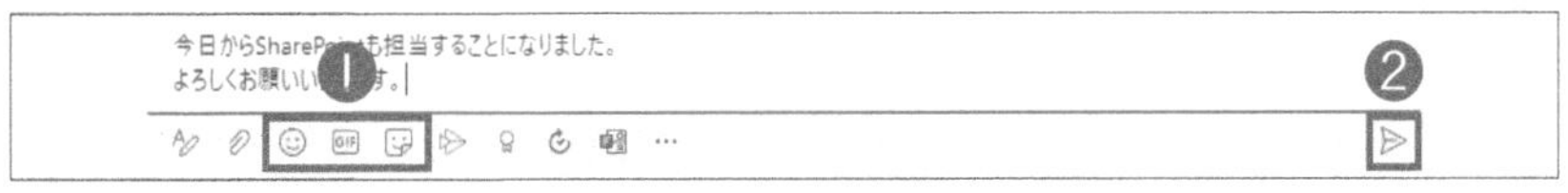

❶から絵文字などをメッセージに挿入できる。❷［送信］をクリックしてもメッセージを投稿できる。

長いメッセージには書式を利用する

メールのように少し長めのメッセージを投稿する場合は、太字、下線、箇条書きなどを利用すると見やすくなります。［書式］モードから文字を装飾しましょう。

書式モードに切り替えると、テキストの入力欄が広くなります。さらに、Enter キーのみで改行できるので、装飾の有無に関わらず、少し長めのメッセージを投稿するときにも便利です。

書式モードでは、メッセージに件名を付けることも可能です。件名は文字も大きく表示されるため、後からメッセージを探すときにも役立ちます。質問やお知らせなど、**他のメンバーが探したり検索したりするようなチャネルのメッセージには、件名を付けることをルールとして定めてもいい**でしょう。

メッセージは、4行目以降は［詳細表示］として折りたたまれて表示されます。長いメッセージの場合は、最初の3行程度で内容を把握できるようにする工夫が必要です。

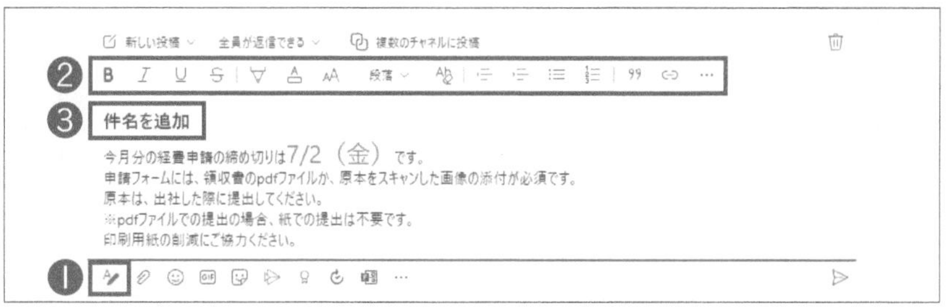

❶［書式］をクリックすると、入力ボックスが書式モードになる。❷のメニューから文字を装飾できるほか、Enter キーのみで改行が可能。❸［件名を追加］をクリックすると、メッセージに件名を追加できる。

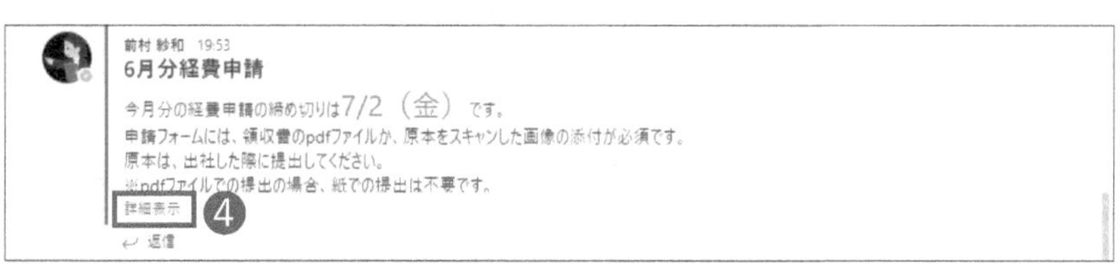

長文のメッセージは4行目以降が省略される。❹［詳細表示］をクリックすると、続きを表示できる。

メッセージに重要フラグを設定する

メッセージを目立たせたいときは重要フラグを付けましょう。「重要」の文言とともに、メッセージの左に赤線が表示されるため、件名を付けただけの投稿よりも強調されます。

ただし、頻繁に使うとメールの件名の【重要】や【至急】と同じように、意味をなさなくなってしまいます。使うのは「ここぞ」という場面に絞りましょう。

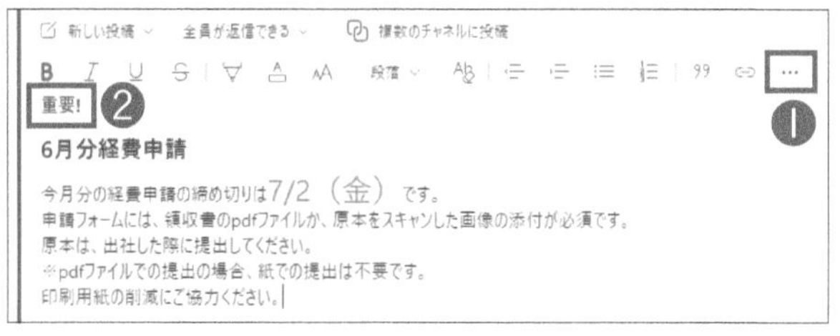

書式モードで❶［その他のオプション］→［重要としてマーク］を順にクリックすると、❷重要フラグを付けられる。

アナウンスを投稿する

チャネルの投稿の中でもっとも目立つメッセージは［アナウンス］です。件名よりもさらに大きな見出しを付けられるうえ、見出しに背景画像を設定することもできます。目立たせたい、そして華やかにしたい場合に便利な機能です。

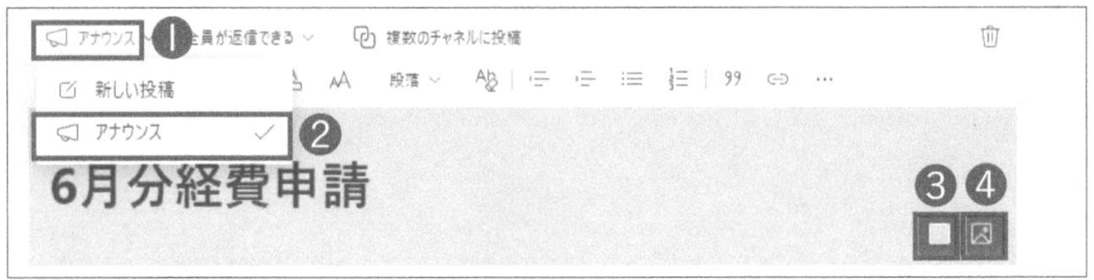

書式モードで❶［投稿の種類を選択します］→❷［アナウンス］を順にクリックすると、見出しが入力できるようになる。❸［配色］で色を変更したり、❹［背景画像］で画像を設定したりできる。

複数のチャネルに投稿する

書式モードでは、複数のチャネルに同じメッセージを同時に送ることができます。それぞれのチャネルに個別にメッセージを投稿した場合との違いは、**後からメッセージを編集すると、すべての投稿先に反映される**点です。

お知らせを複数のチームやチャネルに向けて発信する場合などに便利です。その他、チームのお知らせ用のチャネルに投稿しつつ、関係するチャネルにも同時に投稿すれば、情報の集約と配信が同時にできます。

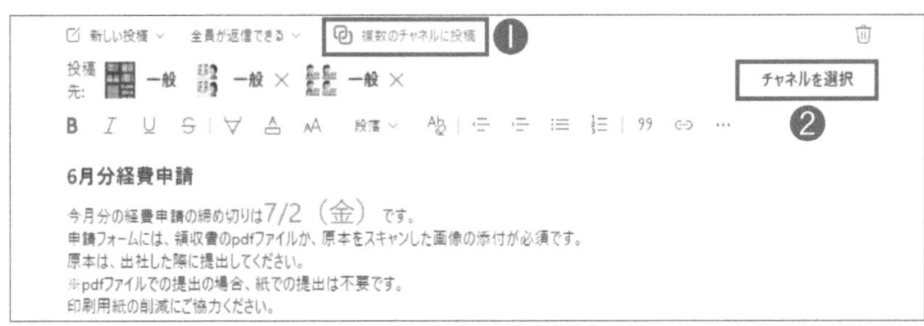

書式モードで❶［複数のチャネルに投稿］→❷［チャネルを選択］を順にクリックすると、メッセージを同時に投稿するチャネルを選択できる。

Webサイトからテキストをコピペする

Webサイトなどからテキストをコピー＆貼り付けしてメッセージに含めようとすると、元の文書の書式もそのまま貼り付けられ、文字が大きかったり小さかったり、不要な背景色が付いてしまったりすることがあります。

Ctrl＋Shift＋Vのショートカットキーを使うと、そうした書式を無視し、テキストのみを貼り付けられます。意外と便利な場面の多いテクニックです。

メッセージを保存する

後から見直したり対応したりするような投稿は「メッセージを保存」しておくことで簡単に見直せます。Outlookのメールにフラグを付けて管理していた人も多いと思いますが、Teamsでも同じように管理可能です。

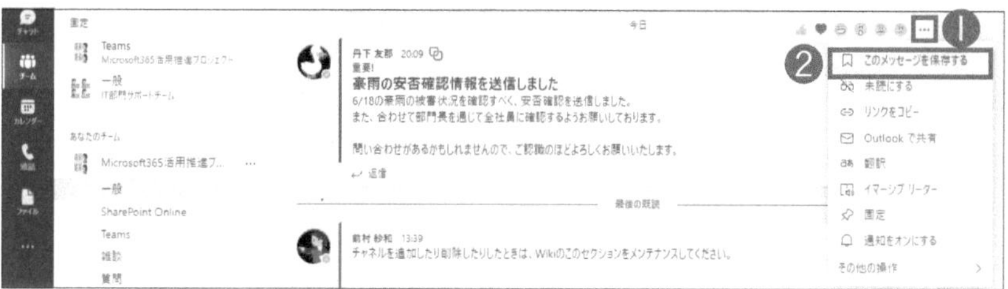

メッセージにマウスポインターを合わせると、リアクションなどのメニューが表示される。❶［その他のオプション］→❷［このメッセージを保存する］を順にクリックすると、メッセージが保存される。

保存したメッセージを確認するには、❸のアイコン→❹［保存済み］を順にクリックする。

保存したメッセージが一覧で表示された。

メンションの使い分けが やりとり効率化のカギ

メンション／チャネルメンション／チームメンション／タグメンション

メッセージを伝える相手を明確にする

チームへの投稿は、基本的にメンバー全員に対して発信されます。メールに例えるなら、メンバー全員がCCに含まれているイメージです。

メッセージは、特に届けたい相手が定まっている場合が少なくありません。そのようなときはメンションを活用して、宛先を明確にしましょう。

メンションには4つの種類があり、通常のメンションのほか、チャネルメンション、チームメンション、タグメンションがあります。

もっとも強調される個人宛てのメンション

通常のメンションは、チーム内の特定のメンバーに対して通知を送ります。**相手が明確で、もっとも強調の意味合いが強い**メンションです。

自分へのメンションが含まれたメッセージは、投稿時に通知が届くだけでなく、チャネル内で強調表示されます。

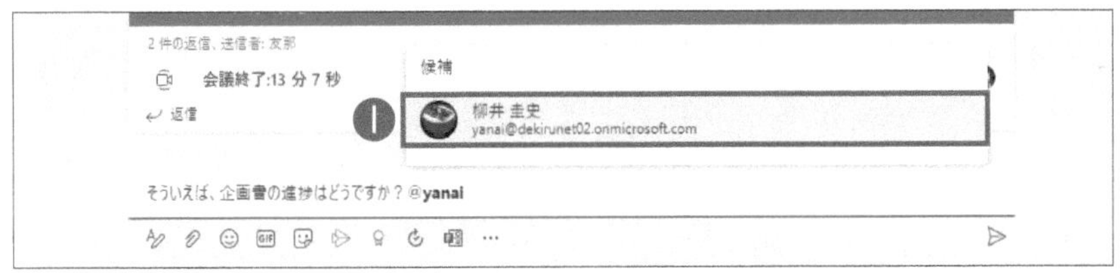

メッセージに「@」を入力し、続けてユーザーの名前またはメールアドレスを先頭から数文字入力すると、❶［候補］が表示される。相手をクリックして選択すると、メンションが付く。

非表示だと通知されないチャネルメンション

チャネルメンションは、投稿するチャネルを表示している相手に対して通知を送ります。通常のメンションと同様に対象のメンバーに通知が届くだけでなく、メッセージの右肩にチャネルメンションのアイコンが表示されます。

チャネルを非表示にしているメンバーは、通知を受け取りません。また、チャネルメンションは、メンバー各自がチャネルの通知設定から通知をオフにできるため、メンバー全員に通知が送られるとは限らない点に注意が必要です。

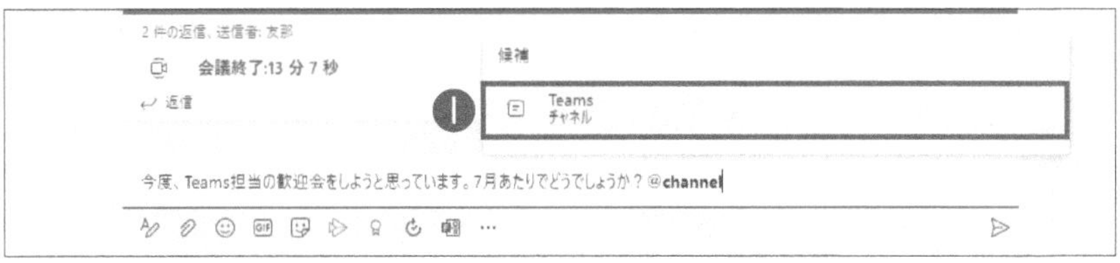

「@」を入力し、続けて「channel」またはチャネル名を入力すると、❶［候補］が表示される。

全員に通知を送れるチームメンション

チームメンションは、チームのメンバー全員に対して通知を送ります。チャネルメンションとは異なり、チャネルを非表示にしているメンバーに対しても通知を送ることが可能です。そのほか、メッセージの右肩にチームメンションのアイコンが表示されます。

チームメンションの通知も、メンバーそれぞれがオフに設定できるため、通知が届かない人がいる可能性があります。なお、プライベートチャネルでは利用できないので注意しましょう。

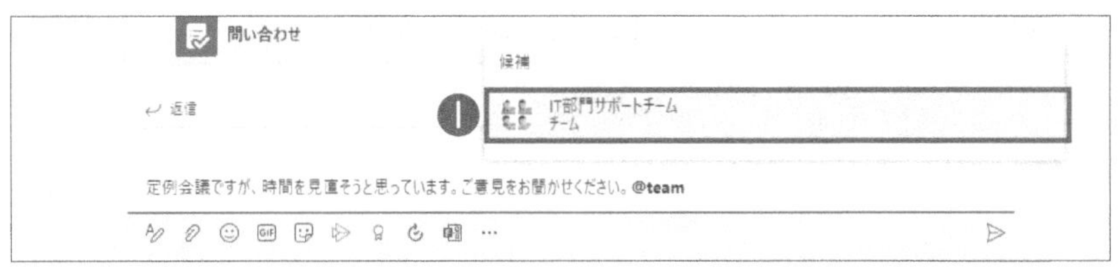

「@」を入力し、続けて「team」またはチーム名の先頭から数文字入力すると、❶［候補］が表示される。

固定のメンバーに知らせるタグメンション

チームメンバー複数人を紐づけたタグに対して、通知を送る仕組みがタグメンションです。タグに紐づくメンバー全員に通知が届くほか、メッセージの右肩にはメンションアイコンが付いて強調表示されます。プライベートチャネルでは利用できません。

タグメンションを付けるには、事前にタグを作成する必要があります。他のメンションと同様にメッセージに「@」を入力し、続けてタグ名の先頭から数文字入力すると、候補が表示されます。

既定の設定では、チームの所有者がタグの作成や管理ができます。タグの管理をメンバーに任せたい場合は、チームの管理画面でタグの管理者を[チームの所有者とメンバー]に変更しましょう。

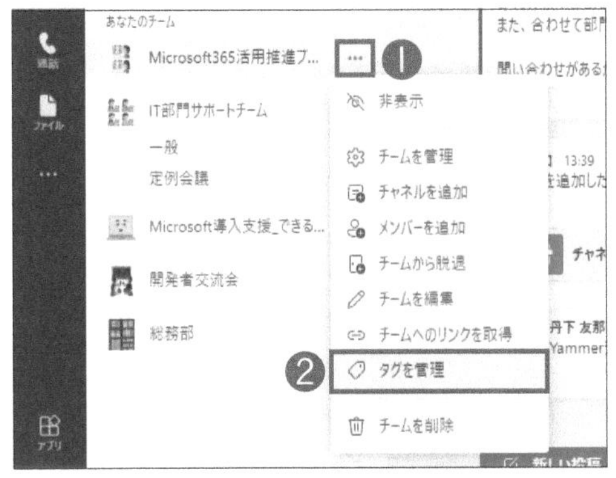

チームの❶[その他のオプション]→❷[タグを管理]を順にクリック。

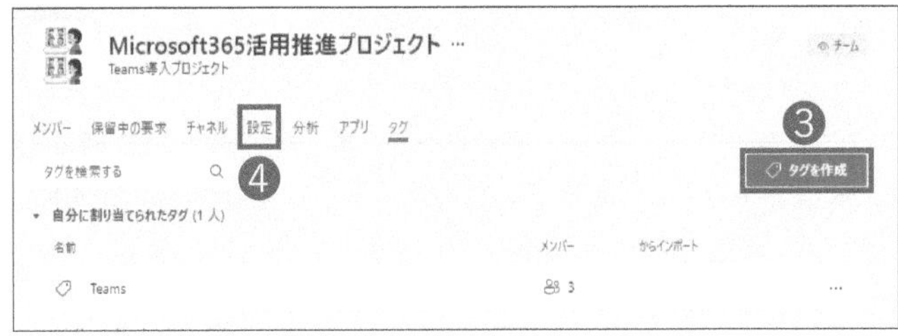

チームに作成されたタグの一覧が表示された。❸[タグを作成]をクリックすると、新たなタグを追加できる。❹[設定]→[タグ]を順にクリックすると、タグを管理できるユーザーの設定が可能。

各メンバーが特徴を理解して使い分ける

メンションは、メンバー全員が動作を正しく理解することで初めてやりとりの効率化につながります。例えば、チームメンションを乱用するメンバーが1人いた場合、他のメンバーの通知を不用意に増やすことになり、本当に重要なメッセージのメンションが埋もれる可能性が高まります。こうした事態を引き起こさないためにも、メンションの使いどころはチーム全体で確認しておきましょう。

投稿するメッセージの相手によって付ける本来の使い方のほかに、重要度に応じて使い分けるのもおすすめです。それぞれのメンションは1つのメッセージ内で組み合わせられるので、チームメンションで全員に通知を送りつつ、特に見てほしいメンバーには個別にメンションを付けるような使い方も可能です。

以下の表では、使い分けの指針を簡単にまとめています。重要度の高いメッセージは、メンションやタグメンションで通知する相手を限定します。チームメンションやチャネルメンションは、メンションなしの通常のメッセージと使い分け、メンバーにできるだけ見てほしいメッセージのみに利用しましょう。

メッセージの重要度に応じたメンションの使い分け

重要度	種類	通知先	用途・使い方
高	メンション	特定のメンバー	●必ず見てもらいたいメッセージに付ける
	タグメンション	タグに紐づくメンバー	●同じ複数のメンバーに頻繁にメンションを送る場合はタグを作成しておくと便利
中	チームメンション	チームメンバー全員	●チームやチャネルの重要なお知らせなどに対して利用 ●通知先に応じて使い分ける
	チャネルメンション	チャネルを表示しているメンバー	
低	メンションなし	なし	●通常の投稿

メッセージの後方に入れる

メンションはメッセージの先頭や末尾、途中など、任意の場所に入力できます。そのため、付ける位置に悩む場合もあるかもしれません。

メールを意識して、メッセージの最初にメンションを入力する人も多くいます。しかし、チャネルに投稿すると最初の4行目以降が折りたたまれることを考慮すると、メンションを最初に付けた場合に肝心のメッセージが表示される領域が少なくなってしまいます。特に**長いメッセージを送る場合は、メンションをメッセージの途中、または最後に入力する**ことも1つのテクニックです。

メンションに「さん」は不要

Teamsのメンションは、その対象のユーザー名が表示されます。そのため「さん」などの敬称をメンションの後に入力しなければいけないと考える人も多いです。こうした敬称の有無に正解はありませんが、短いメッセージでの気軽なやりとりにメリットがあるTeams上のコミュニケーションにおいては不要だと筆者は考えます。

そうは言っても、他の人が敬称を付けているなら特に、自分だけが敬称を付けずに投稿するのも気が引けます。このような場合には、メンションには敬称が不要であることをルールとしてチームで共有するのもいいでしょう。

スレッド形式であることを意識して返信する

返信／スレッド／リンクをコピー／リアクション

返信を使うとやりとりがまとめられる

チャネルに投稿されたメッセージには、それぞれに返信を付けることができます。このやりとりは、後から会話の流れを時系列を追って把握するのに役立つ「スレッド形式」にまとめられます。これが、Teamsの投稿機能の大きな特徴です。

私たちが普段の生活で利用するチャットツールには、スレッド形式になっているものがほとんどありません。そのため、Teamsに不慣れなうちは、あるメッセージに返信したいときに、新たなメッセージとして返信を書いてしまうこともあります。

しかし、これでは会話がバラバラになってしまい、あとから時系列で確認できません。**メッセージへの応答や関連のある話題には返信を使う**よう、チーム全体で意識しましょう。

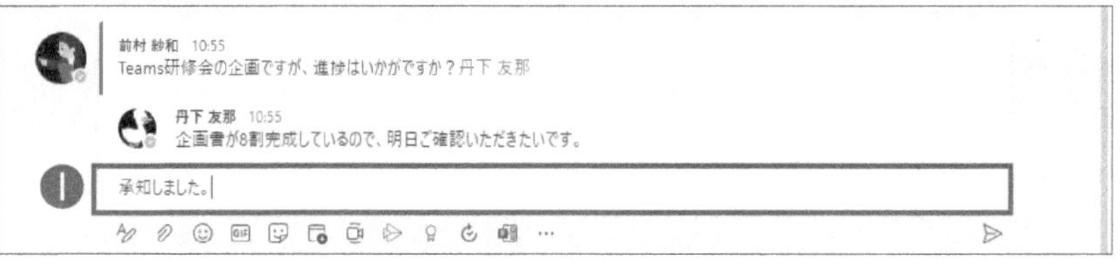

メッセージに返信をすると、やりとりがスレッド形式でまとまる。返信したいメッセージの［返信］をクリックすると、❶入力ボックスが開く。通常のメッセージと同様に書式の設定などができるが、件名を付けたり、アナウンスとして返信したりすることはできない。

話題が変わったスレッドは分割する

1つのスレッドの中でも、会話が進むにつれて途中で話題が変わってしまうことがあります。そのまま会話を続けることももちろんできますが、後からその話題を探すときに見つけにくくなり不便です。スレッドの途中で話題が変わった場合は、新たなメッセージとして投稿し、スレッドを分けてください。

このとき、元のスレッドには新たなスレッドへのリンクを残しておきましょう。その会話に参加しているメンバーが、リンクから新しいスレッドに移動できます。さらに、後から検索でその話題を見つけたユーザーも、リンクから会話の続きを追って確認可能です。

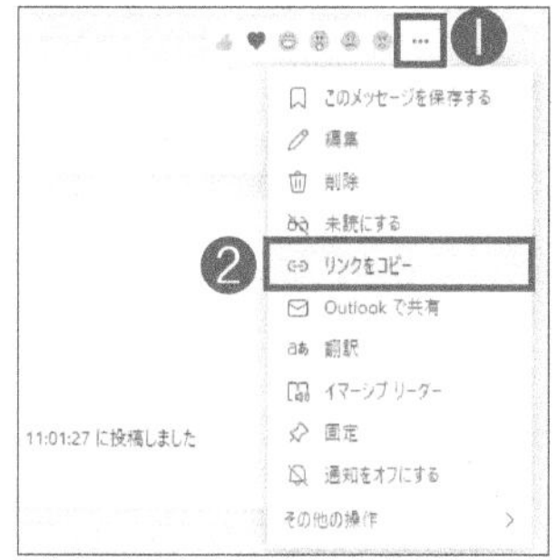

移動先のスレッドのメッセージにマウスポインターを合わせて、❶［その他のオプション］→❷［リンクをコピー］を順にクリック。

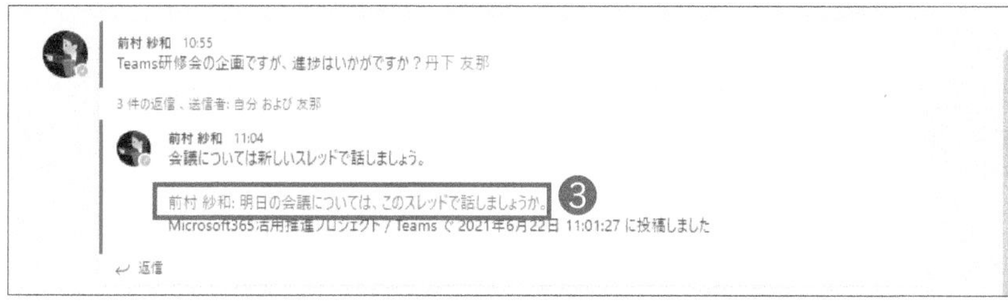

元のスレッドの［返信］にコピーしたリンクを貼り付けて投稿すると、❸［リンク］から新しいスレッドに移動できる。

リアクションを「既読」や進捗確認に使う

メッセージや返信に反応するには、返信する他に［いいね！］［ステキ］などのリアクションを付ける方法があります。SNSと同じ感覚で、読んで参考になったものや、気に入ったものに付けるのはもちろん、「読みましたよ」という「既読」の意味で使う場合もあります。

チャネルのメッセージには、誰がそれを読んだかを確認する機能がありません。また、投稿する側としても、メンバーから何もリアクションがないと読んでもらえているのか不安になるものです。チャネル内の会話を盛り上げるためにも、読んだら積極的にリアクションをしましょう。

リアクションは、1つのメッセージに対して1人1つしか付けられません。後から別のリアクションを付けると、前のリアクションが上書きされます。誰がどのリアクションを送ったかは、メンバーそれぞれが確認可能です。

この特徴を生かして、各メンバーの進捗を確認する使い方もあります。例えば、読んだメッセージには［いいね！］を送り、メッセージへの対応が終わったら［ステキ］を送ると、対応に応じてリアクションが更新されるという具合です。

お知らせチャネルや依頼チャネルなど、対応が必要な投稿が行われるチャネルでは、**メンバー内でリアクションのルールを決めておく**といいでしょう。

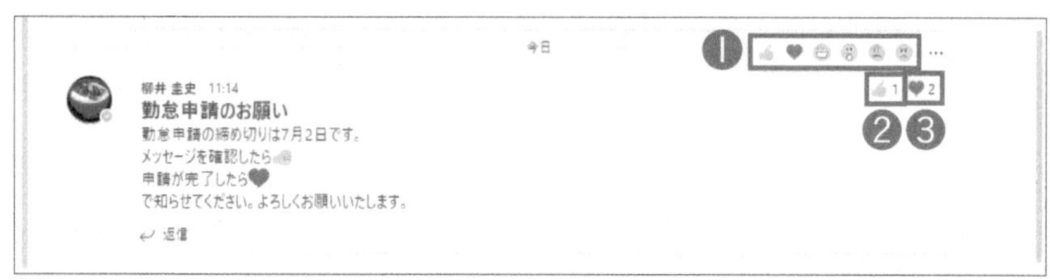

リアクションは、メッセージにマウスポインターを合わせると表示される❶［リアクション］から返すことができる。ここでは、読んだメッセージに❷［いいね！］を付け、対応が終わったメッセージに❸［ステキ］を付けるというルールを定めている。全員がメッセージへの対応を完了して❸を付けると、❷は消え、人数分の❸が付いた状態になる。

他のメンバーのやりとりを支援する

投稿を利用した会話も、普段の会議などでの会話と同様にファシリテーションが重要です。チャット形式の会話においては、その場の会話がスムーズになることに加えて、後から会話を参照するときにも影響を与えます。

普段からTeamsやチャットに慣れているメンバーは積極的に会話に参加し、スレッド形式での会話がきちんと運用できるように、他のメンバーを支援するのが大切です。そうした意識が、チーム全体のコミュニケーションの効率化を大きく加速します。

例えば、返信のつもりで新しく投稿してしまうユーザーがいた場合は、そのメッセージに「返信を使いましょう」とコメントを付けます。途中で話題が変わっているスレッドがあれば「この話題は別のスレッドを作成してはどうですか？」とアドバイスするといいでしょう。

企業によっては、Teamsの利用を推進するIT部門などのメンバーがユーザーのチームに参加し、投稿に対して改善点をアドバイスする例もあります。単に操作方法を覚えたり教えたりするだけではなく、実際の業務で利用しながら使い方に慣れていくのも、Teamsの活用を進めるポイントです。

投稿にアプリを追加して機能を強化する

チャットアプリ／Forms／称賛／承認

Microsoft Formsを利用したアンケート

Teamsのチャネルの投稿は、**さまざまなアプリと連携することで、単純なテキストでのメッセージ以外の機能を利用できます**。その中の1つが、Microsoft 365に含まれるMicrosoft Formsです。簡単なアンケートを投稿できます。

回答の結果をExcelに取り込みたい場合は、Formsのサイトにアクセスしてください。メッセージに追加したアンケートの結果をExcelで開けます。

Microsoft Forms
https://www.microsoft.com/ja-jp/microsoft-365/online-surveys-polls-quizzes

[新しい投稿] または [返信] をクリックしてメッセージの入力ボックスを表示しておく。❶ [Forms] をクリックするとアプリが起動し、アンケートの入力画面が表示される。❷ [メッセージングの拡張機能] をクリックすると、任意のアプリを❸ [アプリを検索] で探して追加できる。

❹に質問と選択肢を入力し、❺［保存］をクリックすると、投稿のプレビューが表示される。［送信］をクリックすると、アンケートをチャネルに投稿できる。❻オプションから、投票結果の共有や回答を匿名にする設定が可能。

称賛で感謝の気持ちを伝える

連携可能な面白いアプリの1つに「称賛」があります。何か業務で助けてもらったり、活躍したりした人に対して称賛を送れるアプリです。称賛はチャネルの投稿で共有されるので、他のメンバーも確認できます。

お礼や感謝などは個人間でやりとりされることが多く、チームで共有するイメージはあまりないかもしれません。しかし、それをチームに投稿すれば、他のメンバーの活躍がモチベーションの向上につながるだけでなく、そのメンバーが持つ知識やスキルの共有もできます。気恥ずかしさを払拭し、気軽に感謝の気持ちを送りあうのに、このアプリが有効です。

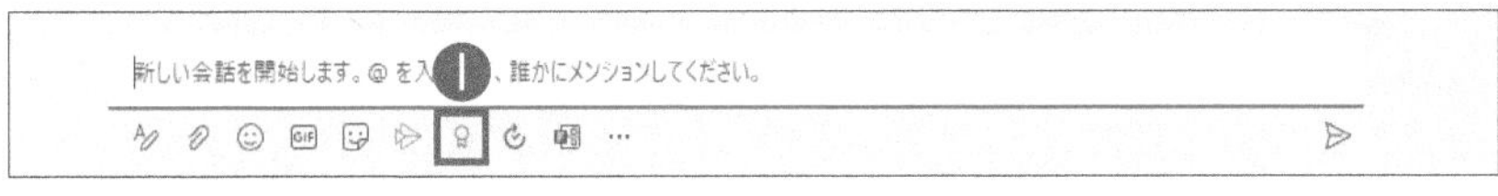

メッセージの入力ボックスの❶［称賛］をクリックすると、アプリが起動してバッジの選択画面が表示される。送りたいバッジをクリック。

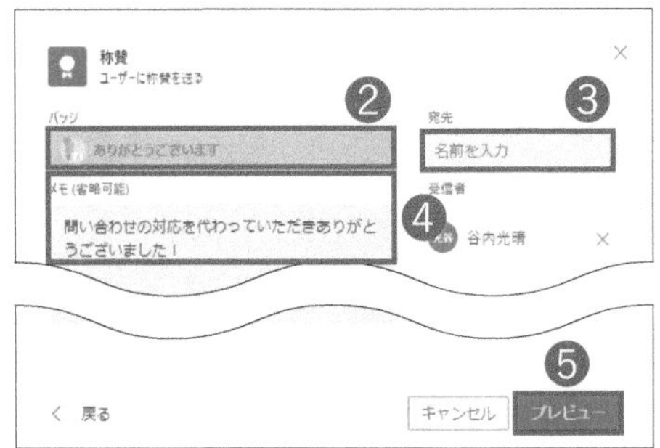

称賛の入力画面に切り替わった。選択した❷［バッジ］が表示されている。続けて❸［宛先］と❹［メモ］を入力して❺［プレビュー］をクリックすると、メッセージのイメージが確認できる。投稿するには、プレビュー画面の［送信］をクリック。

簡単な承認ワークフローを行う

今後の業務での利用が期待できるのが「承認」アプリです。これまで、チーム内で上司や同僚にドキュメントのレビューを依頼したり、見積や提案書の承認を依頼したりするときは、チャネルの会話が利用されていました。こうした簡単な承認を求める場面で承認アプリを使えば、**より明示的に申請や承認ができます**。

本書執筆時点では簡易な承認依頼が作成できるだけですが、今後は組織やチームで共有できる、承認テンプレートの作成機能が追加予定です。テンプレートには、承認依頼作成時の入力項目や承認者などを事前に設定できるようです。これによって、Teamsがより業務に密接な用途で活用されることが期待されます。

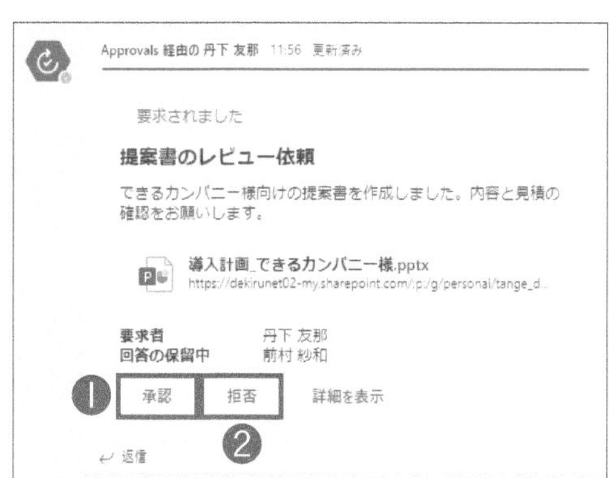

承認アプリを使うと、メッセージやファイルの他に承認者を指定して投稿できる。承認者はメッセージの❶[承認]または❷[拒否]をクリックして、対応状況を更新可能。

承認依頼をまとめて確認する

投稿に追加するアプリの他に、Teams自体にもアプリを追加できます。これにも「承認」アプリがあり、依頼をまとめて確認できます。特に、複数のチームにまたがって多くの承認依頼を受けるような場合に便利です。アプリの追加方法は、ワザ50(P.176)を参照してください。

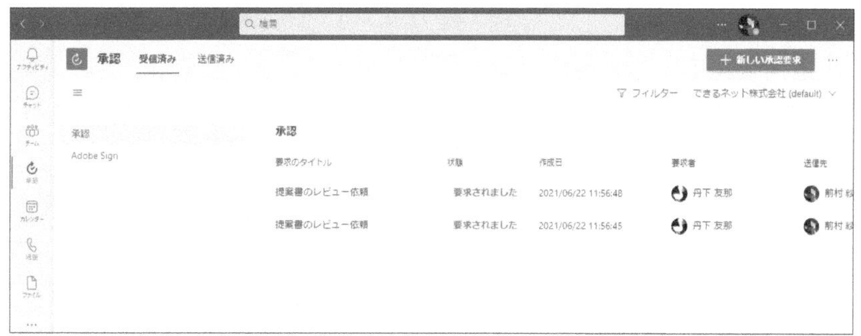

Teamsに追加できる承認アプリでは、自身への承認依頼をまとめて確認できる。

チャネルの通知量をコントロールして仕事の効率を上げる

通知

重要度に応じてチャネルの通知を設定する

Teamsの活用が進むと、チャネルごとに自分なりの重要度の濃淡が出てきます。すべてのメッセージを即座に確認したいチャネルもあれば、1日1回など、自身のタイミングで確認すれば十分なものもあるでしょう。

このような場合は、チャネルごとに通知を設定し、受け取る通知の量をコントロールしましょう。チャネルの通知設定は[すべてのアクティビティ][オフ][カスタム]から選択できます。

デフォルトはカスタムで、個人のメンションや返信、チャネルのメンションが含まれたメッセージが投稿されたときに通知が届く設定になっています。通知のスタイルなどの細かな設定も可能です。

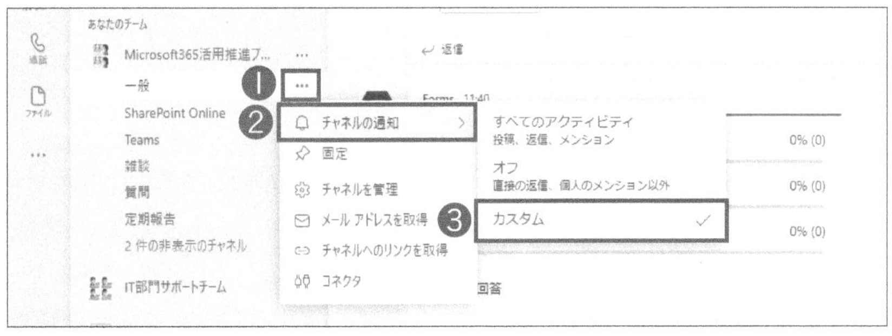

チャネルの❶[その他のオプション]をクリックし、❷[チャネルの通知]にマウスポインターを合わせると、通知の設定を選択できる。❸[カスタム]をクリックすると、細かい設定が可能。

すべてのアクティビティ

すべてのアクティビティは、チャネル内の[投稿]タブに新たなメッセージや返信があると、必ず通知を受け取る設定です。業務上深く関わっており、常に見る必要があるチャネルはこの設定にしておきましょう。

すべての通知を受け取りたいが、返信の通知は不要な場合は、カスタムで[すべての新しい投稿]を通知するように指定したうえで、[すべての返信を含む]のチェックを外しておきましょう。

メンバー全員がすべてのアクティビティの通知を受け取るチャネルを定め、お知らせなどの重要な情報はそこに投稿するよう、ルールを決めておくのもおすすめです。それによって、メンバーが受け取る通知の量を少なくできたり、どのチャネルに投稿すべきか悩んだり、チームメンションを必要以上に使ったりする状態を防ぐ効果が期待できます。

オフ

自分のタイミングで確認すれば問題ないチャネルは、通知をオフにしておくといいでしょう。この設定でも、自分個人へのメンションや、自分の参加しているスレッドへの返信は通知されます。

通知があるたびに気を取られ、そのとき行っている作業への集中力がそがれてしまうことは、Teamsを利用していてよくある悩みです。重要度の低いチャネルの通知をオフにすることは、仕事のパフォーマンスにもいい影響を与えるでしょう。

スレッドの通知をオフにする

通知を受け取っているチャネルでも、メッセージによっては自身に関係ないものもあります。こうした場合は、スレッド単位で通知をオフにしましょう。そのスレッドに返信が来ても、通知を受け取りません。

自身に負担の少ない設定がゴール

Teamsが利用されればされるほど、多く届く通知に悩まされます。参加しているチームのチャネルやスレッドの通知設定を見直し、自身にとって負担の少ない設定を試行錯誤してみましょう。

また、投稿する側は、**受け取る側が必ずしも投稿の通知を受け取るように設定していない可能性も考えましょう**。場合によっては、適切なメンションの活用も求められます。

他のツールを利用したコミュニケーションと同様に、Teamsを利用したコミュニケーションにおいても、互いの理解と適切な利用が必要です。それがチーム全体のパフォーマンスにも影響を与えます。

検索を活用して過去のやりとりを参照する

検索／検索コマンド

Teams全体を横断して検索する

Teamsでのやりとりが蓄積されると、過去の会話を確認したり、以前に共有されたファイルを参照したりしたいことは珍しくありません。そうした場合に便利なのが、Teamsの検索機能です。

Teamsの検索ボックスにキーワードを入力すると、**チームやチャネルを横断して全体的に検索**されます。目的のメッセージがどのチームやチャネルにあるか分からない場合や、ファイルを検索したい場合に使う、もっとも一般的な方法です。後から検索結果を絞り込むこともできます。

他には、キーワードを入力したときに表示されるサジェストから、チームやチャネルを表示できます。目的のチャネルがどのチームにあるか分からなくなったときは、チャネル名を検索すればスムーズにアクセス可能です。

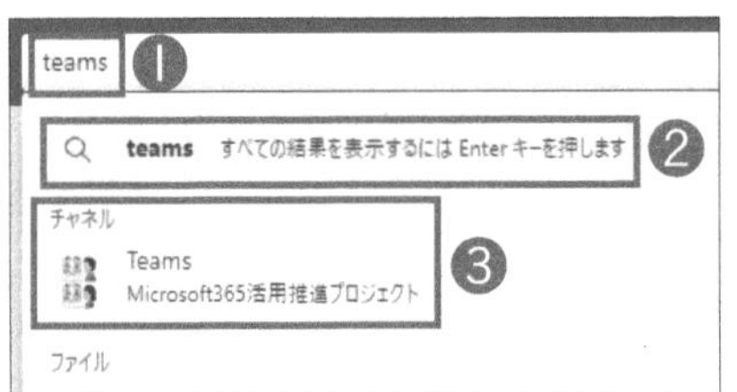

❶［検索］にキーワードを入力し、❷をクリック、もしくはEnterキーを押すと、検索結果が表示される。❸チームやチャネルの候補をクリックすると、そのチームやチャネルが表示される。

検索結果は、チームの一覧などがある画面左側に表示される。❹上部のメニューをクリックすると、検索結果が絞り込まれる。❺［その他のフィルター］から、検索範囲をさらに細かく絞り込める。

チャネルの会話は Ctrl + F ですぐに検索

目的の会話があるチャネルが分かっている場合は、検索したいチャネルを開いて Ctrl + F キーを押しましょう。すると、検索ボックスがチャネル検索モードに切り替わります。

こうしてチャネル内検索をした場合は、検索にヒットした［投稿］タブのメッセージや返信だけではなく、そのメッセージが含まれるスレッドの前後の会話もあわせて確認可能です。

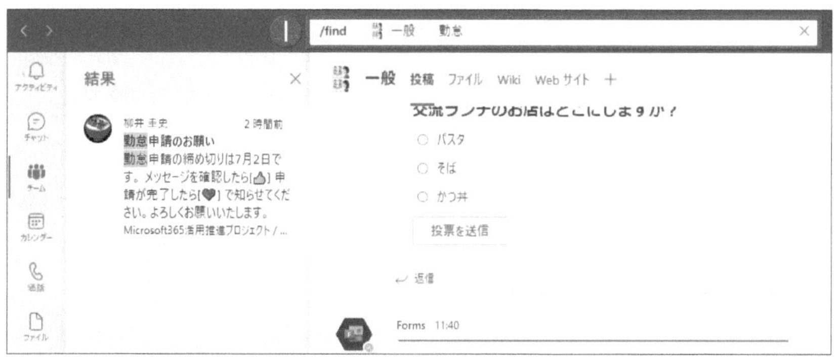

チャネルを表示した状態で Ctrl + F キーを押すと、そのチャネル内のメッセージに絞って❶検索できる。

検索テクニックとコマンドで効率アップ

目的の会話やファイルを効率よく見つけるには、以下の表にまとめた検索テクニックを覚えておくと役立ちます。これらは組み合わせることも可能です。

加えて、Teamsの検索コマンドも覚えておくと便利です。検索ボックスに「/」と入力するとコマンドの一覧を表示できますが、次ページの表ではよく使うものをまとめています。

検索テクニック

検索テクニック	動作	入力例
“”	完全一致する語句を検索する	“見積”
OR	複数の語句のいずれかに一致するものを検索する	提案 OR 見積
AND	複数の語句のすべてに一致するものを検索する	A社 AND 見積
NOT	語句を除外して検索する	見積 NOT B社
filetype:	特定の形式のファイルのみを検索する	見積 filetype:pdf
*	ワイルドカード検索をする	A社*

検索コマンド

検索コマンド	動作
@	他のユーザーを検索し、チャットメッセージを送信する
/files	自身がOffice 365で最近作業を行ったファイルを表示する
/mentions	他の誰かが自身に対して送ったメンションを表示する
/saved	保存したすべてのメッセージを表示する
/unread	自身に届いたアクティビティで未読のものを表示する

ファイルはOfficeの検索でも探せる

Teamsで共有されたファイルは、SharePointやOneDriveに保存されています。そのため、ファイルを検索する目的であれば、Office 365の検索も利用可能です。この場合も「AND」や「OR」などの検索テクニックが利用できます。

Office 365
https://www.office.com/

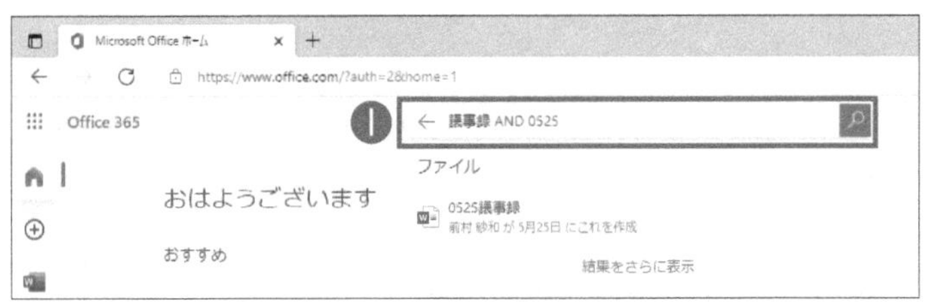

Office 365にアクセスし、❶［検索］に文字を入力すると、ファイルを検索できる。

検索の頻度を減らす

参照する頻度が高い情報は、**毎回検索して探し出すよりも、検索を使わずに素早く表示できるように工夫したほうが効率的**です。

例えば、会話の中で決まった事項はWikiやOneNoteに会話へのリンク付きでメモしたり（P.55）、Plannerを活用してタスクを管理したり（P.69）、重要なファイルを［ファイル］タブの上部に固定したり、ファイル自体をチャネルのタブとして追加したり（P.82）すると、誰にとっても重要な情報を見つけやすくなります。自身にとって重要な会話には、メッセージの保存機能（P.49）も便利です。

インターネットの検索であっても、目的のものが見つからずに苦労した経験もあるでしょう。あまり検索に頼りすぎないこともテクニックの1つです。

チームで使うファイルは［ファイル］タブで管理する

添付／［ファイル］タブ／ごみ箱

会話に添付して共有できる

ファイルはチャネルを使って共有できます。もっとも簡単なのが、投稿するメッセージにファイルを添付する方法です。

メッセージに添付されたファイルは、そのチャネルの［ファイル］タブにまとめて保存されています。そのため、過去に共有されたファイルと同じ名前のファイルを添付しようとすると、ファイルの置換を確認するメッセージが表示されます。ここで置換した場合、過去のメッセージに添付されたファイルも同時に置換されてしまうので、注意しましょう。

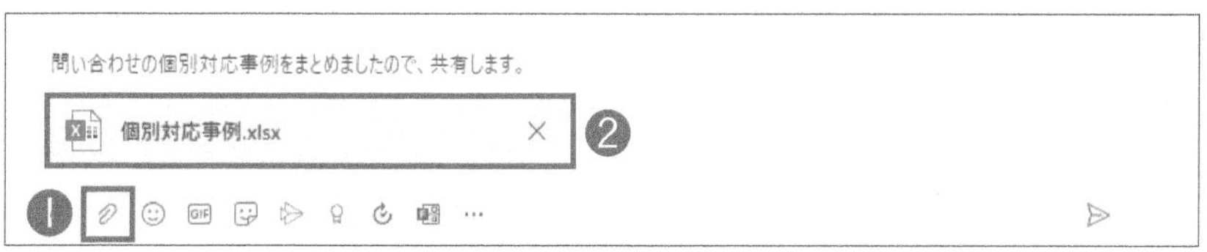

入力ボックスにファイルをドラッグ＆ドロップ、もしくは❶［添付］からファイルを選択すると、メッセージに❷ファイルを添付できる。添付されたファイルをクリックすると、Teams上で表示される。

メッセージに添付されたファイルは、❸［ファイル］タブに集約される。

タブ内でファイルを直接管理する

ファイルは、チャネルの[ファイル]タブに直接保存することもできます。メンバーが新しいファイルの内容を確認するには、[ファイル]タブでアップロードされたファイルを開く必要があります。

[ファイル] タブでは、フォルダーを使って共有されるファイルを整理できます。会話のメッセージに直接ファイルを添付すると、[ファイル] タブの直下に保存されてしまうため、整理しづらいです。ファイルを整理しながら共有したいときは、[ファイル] タブで任意のフォルダーにアップロードするといいでしょう。

ファイルをアップロードしたら、チャネルにメッセージを投稿してメンバーに伝えましょう。このとき、[チームとチャネルを参照] からアップロードしたファイルを添付しておくと、メッセージからもファイルを表示できます。[ファイル] タブのファイルのURLをコピーして投稿した場合でも、同じように動作します。

この操作は、過去に共有したファイルを、会話内で再び添付するときにも利用できます。何度も同じファイルを共有しないよう、覚えておきましょう。

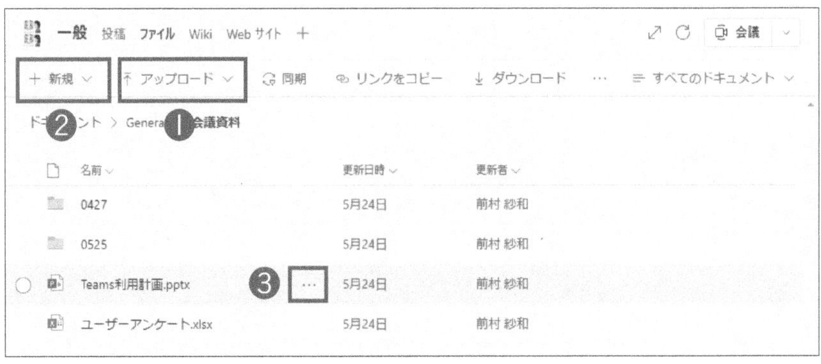

ファイルをドラッグ&ドロップ、もしくは❶ [アップロード] からファイルを直接保存できる。❷ [新規] からフォルダーを作成し、そこにファイルを追加することも可能。ファイルを右クリック、もしくはファイルの❸ [アクションを表示] をクリックして表示されたメニューから [リンクをコピー] をクリックすると、ファイルのURLが取得できる。

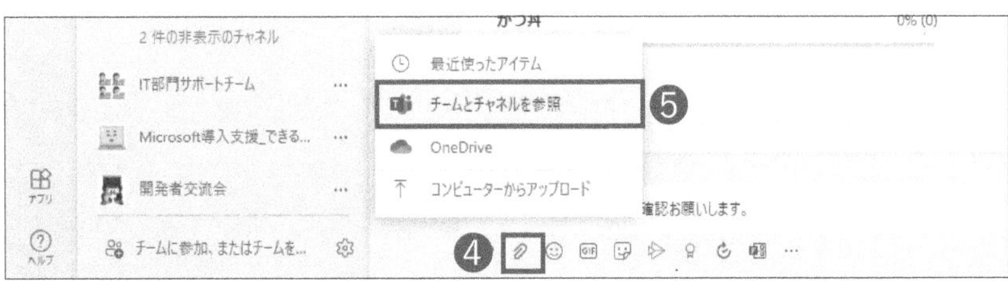

❹ [添付] →❺ [チームとチャネルを参照] を順にクリックすると、メッセージに [ファイル] タブのファイルを添付できる。ファイルのリンクを貼り付けた場合も、同様に動作する。

画像や写真を共有する

画像や写真をメッセージに添付するには、ファイルと同じようにドラッグ＆ドロップすれば共有できます。それに加え、Web上やWord、Excel、PowerPointなどに含まれる画像や図をコピー＆貼り付けで共有することも可能です。

一見同じ結果になりそうなこの2つの方法ですが、大きな違いがあります。ファイルをドラッグ＆ドロップで共有すると、画像はファイルとして共有されるため［ファイル］タブに保存されます。しかし、画像をコピー＆貼り付けした場合は、画像はデータとして直接メッセージに保存されるので、［ファイル］タブには保存されません。

メンバー間で、あとから参照したり再利用したりする画像であれば、画像はファイルとして共有する必要があります。ただし、**会話の中の装飾的な役割や、その場限りでの利用にとどまるような画像なら、画像データのコピー＆貼り付けで共有する**といいでしょう。後から参照する必要のない画像ファイルが［ファイル］タブに混ざってしまうことを防げます。

不要なファイルを削除する

不要なファイルが増えてきたり、企業によってはチームの容量制限があるなどの理由で、過去のファイルを削除する必要も出てきます。

ここで削除されたファイルは、SharePointの「ごみ箱」に移動します。移動してから93日間、またはごみ箱が空にされるまでは、復元可能です。ただし、ごみ箱の中を確認するには、SharePointを利用する必要があります。

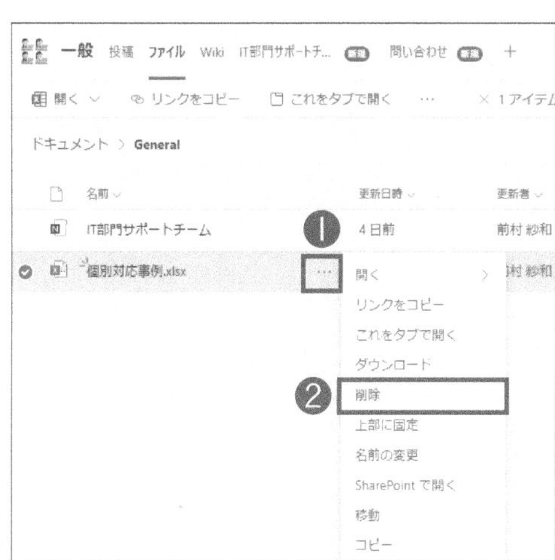

ファイルを右クリック、もしくは❶［アクションの表示］をクリックすると、メニューが表示される。❷［削除］をクリックし、表示されるダイアログボックスの［削除する］をクリックすると、SharePointのごみ箱にファイルが移動する。

チームで利用するアプリは タブとして追加する

タブ／アプリ

チャネルにタブを追加する

チャネルにタブ形式のアプリを追加できるのが、Teamsの特徴の1つです。**Microsoft 365の各種サービスや、その他のクラウドサービスを組み合わせて利用できます**。ここではMicrosoft 365に関連するタブとその使い方を、よく利用されるものに絞って紹介します。タブの追加方法はワザ01（P.13）を参照してください。

OneNoteでメモを残す

まさにノートに書くように、自由にメモをとったり、情報をまとめたりできるのがOneNoteです。チャネルのタブとして追加されたノートは、チームのメンバーであれば誰でも閲覧・編集できます。重要な情報をメモに残したり、会議の議事録を作成したりするのに使われます。

単にテキストのメモであれば、チャネルにメッセージを投稿して残せば十分かもしれません。しかし、［投稿］タブには他の会話もあるため、メモが流れてしまい、後から探すのが大変です。OneNoteに書き留めておけば、情報がいつでも決められた場所に残されるため、探す手間を大幅に減らせます。

❶OneNoteのタブをクリックすると、ノートブックが表示される。チームのメンバー全員が、タブから直接メモを編集できる。

PlannerおよびTo DoによるTasksで進捗管理

業務で発生したタスクを、チームで共有できるのが「PlannerおよびTo DoによるTasks」です。少々名前が長いタブですが、このタブからMicrosoft Plannerの機能をチャネルで利用できます。チームのメンバー全員が、タブとして追加されたPlannerのプランからタスクの閲覧や編集が可能です。

例えば、会議中に挙げられたアクションアイテムをタブを使って登録しておくことで、その進捗をチームのメンバーがすぐに確認できます。他にも身近な例として、メンバー間の依頼を共有するチャネルでの利用があります。依頼の数が増えたとき、Plannerを使うと進捗を整理しやすくなります。

Plannerの各タスクは、それぞれリンクを取得できます。タスクについて、チャネルで会話する必要がある場合は、メッセージにタスクへのリンクを含めておくといいでしょう。

PlannerおよびTo DoによるTasksをチャネルに追加すると、タブから進捗を管理できる。タスクのリンクを取得してメッセージを投稿すれば、どの業務についてのやりとりかが分かりやすくなる。

Officeなどのファイルを操作できる

チームで共有されているWordやExcel、PowerPoint、PDFファイルは、タブとして追加可能です。プロジェクトなどの概要を示した資料や、最新のドキュメントなど、参照する頻度の高いファイルをタブとして追加しておけば、共有されたファイルの一覧から探す手間を省けます。追加するファイルについては、チャネル内でルールを決めておくといいでしょう。

多くのユーザーにとって親しみのある、Officeを利用してコンテンツを作成できるため、取り入れやすく、効果を発揮しやすいタブの1つです。タブからファイルを直接編集することもできます。

ファイルをタブとして追加しておくと、素早く表示できる。ファイルは、タブから直接編集可能。

Formsを共同編集

社内外に対する、アンケートなどを作成できるのが「Microsoft Forms」です。通常、各ユーザーが作成するフォームは、設問を設定して回答内容を確認できるのは作成者に限定されます。チャネルのタブとして追加すると、メンバーであれば誰でも、設問を設定したり回答を確認したりすることが可能です。

これにより、例えばセミナーのアンケートを作成するときに、関係するメンバー同士で設問をレビューしあったり、回答をリアルタイムで共有したりする使い方が可能です。これまでこうしたアンケートは、担当者が後から回答をまとめてメンバーに共有していました。この手間が省けるうえ、各自がアンケートを基にした行動を、すぐに起こせるようになります。

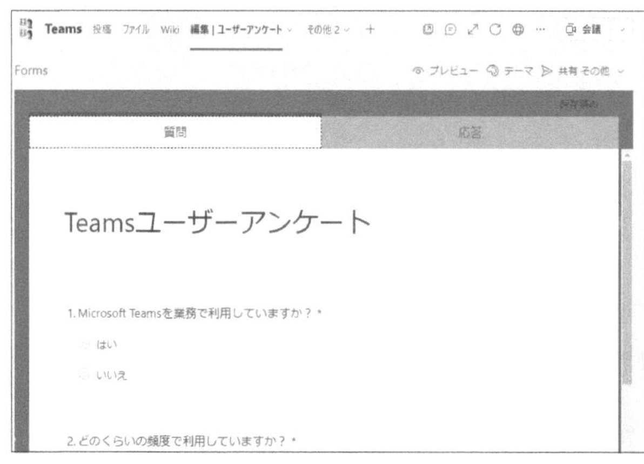

チャネルのフォームは、メンバー全員が設問を編集したり、回答を閲覧したりできる。

SharePointにアクセスしやすくなる

SharePointを利用して、社内へのお知らせや提案書、製品カタログなどのドキュメントを共有している組織は少なくありません。SharePointサイトのページやリスト、ドキュメント ライブラリをタブとして追加しておくと、チームの業務に関係する社内のリソースに、メンバーが簡単にアクセスできます。

チームやチャネルに関連するSharePointサイトのタブを追加すると、簡単に参照できて便利。

Listsでデータ管理

簡易なデータベースとして、さまざまな情報を管理・共有できるのが「Microsoft Lists」です。SharePointリストの機能が強化されたアプリなので、すでになじみのある人もいるかもしれません。

これまでも、Excelで一覧化されたデータを共有する場面は多くありましたが、ListsではWeb上で同様のことができます。さらに、スマートフォンからの利用も可能です。

タブとして追加することで、登録された個別のデータに対しての議論を、チャネルの投稿を利用して行えます。データに関するやりとりを、チャネルで完結させることが可能です。

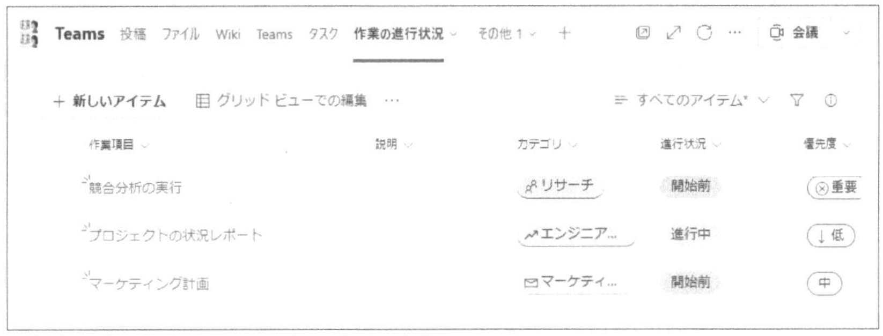

Listsをタブとして追加すると、データに関するやりとりがTeams上で完結する。

ファイルをより便利に管理できる SharePoint Online

SharePoint Online ／ Webサイトタブ

チームのファイルはSharePointに保存される

Teamsでチームを作成した場合、同時にそのチームに紐づくSharePointサイトも作成されます。SharePoint OnlineはMicrosoft 365のサービスの中で、ポータルサイトの作成や、ファイル共有のための機能を多く持っています。Teamsのチームで共有されたファイルの保存にも、SharePointが利用されています。

チームのSharePointサイトには「ドキュメント」というファイルを保存するためのライブラリがあり、この中にチームのチャネル名に応じたフォルダーが作成されています。フォルダー内を見ると、それぞれのチャネルで共有されていたファイルが見つかるはずです。

ファイルを管理するための機能は、TeamsよりもSharePointのほうが優れている面もあります。**SharePointの使い方を知っておくことで、より柔軟なファイル管理が可能**です。

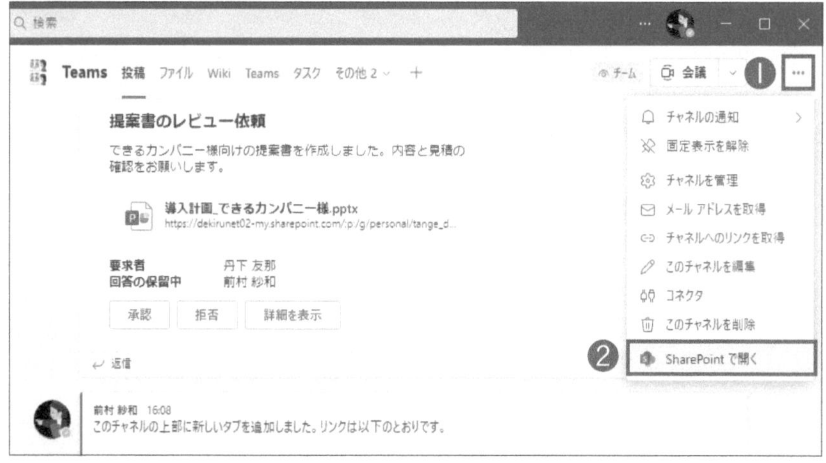

SharePointサイトは、チャネルの［投稿］タブを表示した状態で❶［その他のオプション］→❷［SharePointで開く］を順にクリック、もしくは［ファイル］タブの［SharePointで開く］から表示できる。

SharePointにアクセスすると、チームの［ドキュメント］ライブラリの中に、各チャネル名のフォルダーが作成されていことを確認できる。［一般］チャネルのファイルは❸［General］フォルダーに保存されている。

バージョン管理ができる

SharePointに保存されたファイルは、自動的にバージョン管理が行われています。これによって、ファイルを間違って編集したり、上書き保存したりしても、バージョン履歴から以前の状態に戻せます。

例えば、PowerPointを編集していて、不要だと思って削除したスライドを後から使いたくなることはないでしょうか。このようなとき、TeamsやSharePointから直接ファイルを開けば、PowerPoint上からバージョン履歴を参照し、スライドを削除した時間以前のバージョンを開いて、必要なものだけをコピーできます。

バージョン履歴は、最新のOfficeからも直接参照可能です。

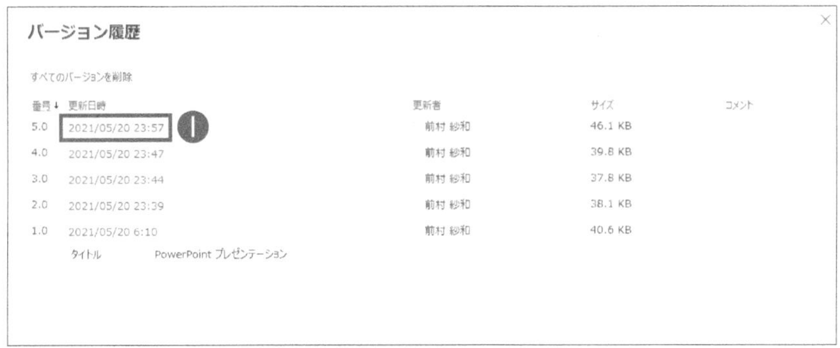

SharePointのファイルを右クリックして表示されたメニューから［バージョン履歴］をクリックすると、メニューが表示される。表示したいファイルの❶日時をクリックすると、以前のファイルがバックアップバージョンとして開く。

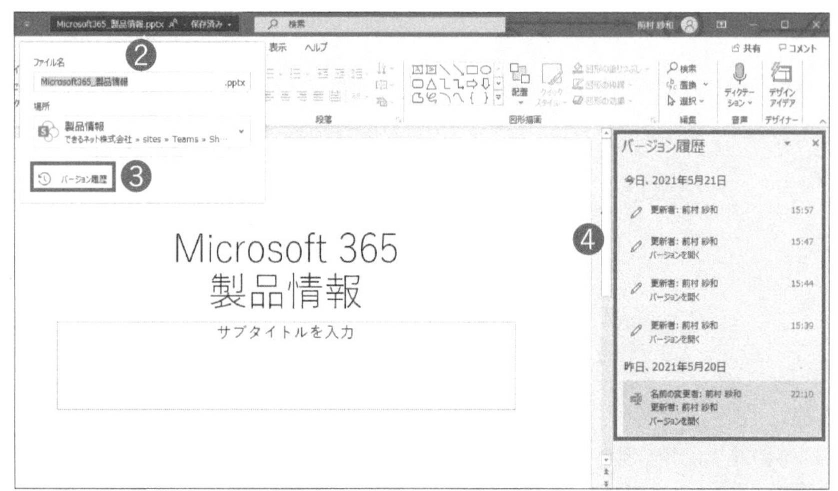

Officeアプリから以前のバージョンを復元することも可能。❷ヘッダー部分→❸［バージョン履歴］を順にクリックすると、❹右側のメニューからファイルを選択できる。

ファイルを絞り込めるフィルター機能

SharePointのライブラリで便利なのが「フィルターウィンドウ」です。ここから、更新日時やファイルの種類などの複数の値を組み合わせて、ファイルを絞り込んで探せます。

また、フィルターの条件を追加することも可能です。例えば、ファイルを最後に編集した更新者を条件に追加したい場合は［列の設定］を使い、［更新者］列を［フィルター ウィンドウに固定］します。

❶［フィルターウィンドウを開く］をクリックすると［フィルター］が表示され、ファイルを絞り込んで探せるようになる。

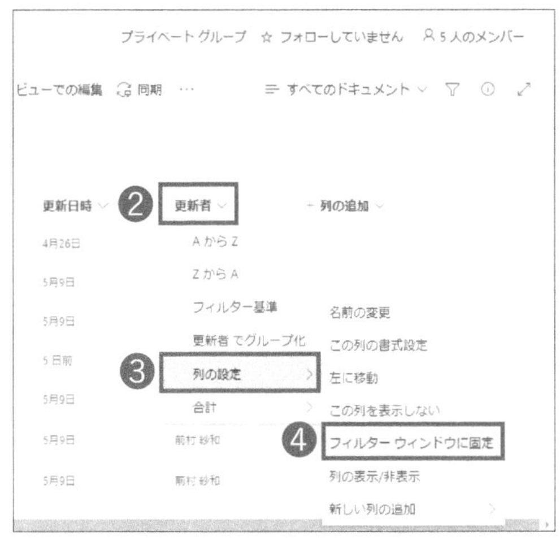

❷任意の列→❸［列の設定］→❹［フィルターウィンドウに固定］を順にクリックすると、フィルターの項目を追加できる。

ファイルのプレビューを手早く確認

ライブラリの中のファイルを一覧から探していて、ファイル名だけでは目的のファイルかどうかが分からず、その中身をちょっとだけ確認したい状況は珍しくないでしょう。このとき、わざわざファイルを開いて確認するのは、時間と手間がかかります。

SharePointでは「詳細ウィンドウ」を開くことで、ファイルを開かずとも内容を確認できます。このプレビューは静的なサムネイルではなく、スクロールやページ送りをして、内容を確認できるようになっています。

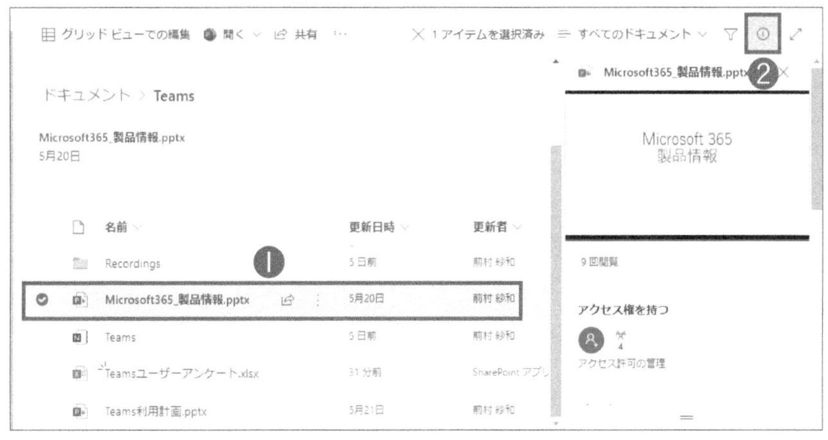

中身を確認したいファイルを❶選択した状態で❷［詳細ウィンドウを開く］をクリックすると、詳細ウィンドウが表示される。ファイルの内容を簡単に確認できる。

削除されたファイルはごみ箱に移動する

SharePointから、共有した後に削除されたファイルが移動する「ごみ箱」の中を見ることができます。ごみ箱に移動したファイルは93日間、または、ごみ箱から削除されるまで保存されます。誤って削除してしまったファイルがある場合は、まずはごみ箱を確認してみましょう。

削除されたファイルは❶［ごみ箱］から確認可能。

また、以下の図のように、ごみ箱にはメンバーが利用できる通常のごみ箱のほか、ごみ箱から削除されたファイルが移動する、所有者のみが利用可能な「第2段階のごみ箱」があります。もしもごみ箱にファイルが見つからない場合は、チームの所有者に確認し、第2段階のごみ箱に残っていないか探してもらいましょう。この第2段階のごみ箱からもファイルが削除されると、復元できません。

ファイルが削除される過程

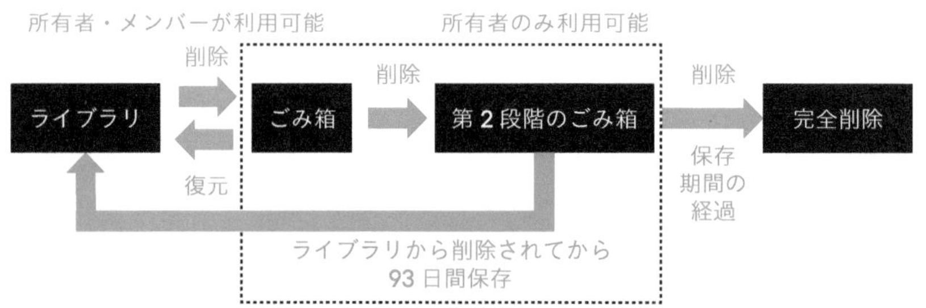

ライブラリの機能をTeamsから利用する

SharePointのファイル管理機能は便利なものですが、毎回SharePointを開いて操作するのは面倒です。そこで、チャネルのタブを活用し、Teamsを離れることなくSharePointのファイル管理機能を利用できるようにします。

チャネルのタブにライブラリを追加するには「SharePoint」アプリを利用できますが、ここでは「Webサイト」タブを利用します。P.13を参照し、このWebサイトタブのURLにチャネルに紐づくSharePointライブラリのフォルダーを開いたURLを設定してみましょう。すると、Teamsの中でSharePointの画面が開き、バージョン管理やフィルターの機能が利用できます。

同様に、SharePointでごみ箱を開いたURLをWebサイトタブとして追加すれば、ごみ箱もTeamsから利用できます。

他にも、SharePointにはファイル管理に便利な機能が、ここでは紹介しきれないほど用意されています。Teamsのファイル機能に物足りなさを感じるときには、SharePointの機能も調べてみましょう。

SharePointライブラリを［Webサイト］タブとしてチャネルに追加すると、さまざまな機能がTeams上で利用できる。

ファイルの整理とアクセスのしやすさを両立させる

ファイル／フォルダー／SharePoint／ビュー

SharePointでファイルを整理する

チャネルを作成するだけで使える［ファイル］タブは、ファイルをフォルダーに移動させるときにドラッグ＆ドロップが使えないなど、ちょっとした操作で不便な部分があります。特に、フォルダーを使って本格的に整理したいときは、SharePointを利用すると簡単に操作できます。

SharePointでドラッグ＆ドロップでファイルを移動させると、メッセージで共有されているファイルのリンクからも、ファイルを引き続き表示できます。

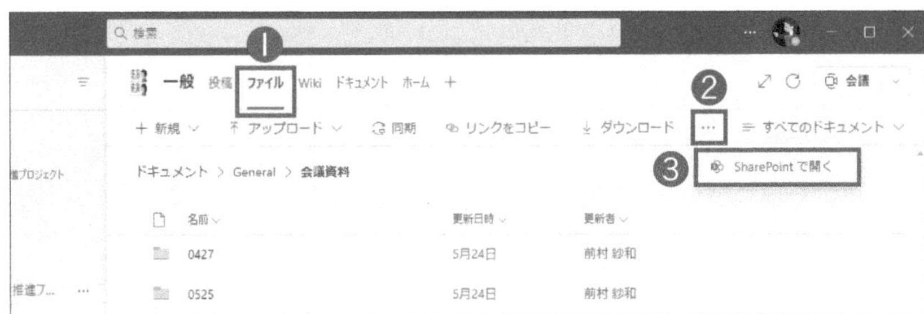

整理したいファイルがあるチャネルの❶［ファイル］タブ→❷［選択したアイテムで可能な他の操作］→❸［SharePointで開く］を順にクリック。

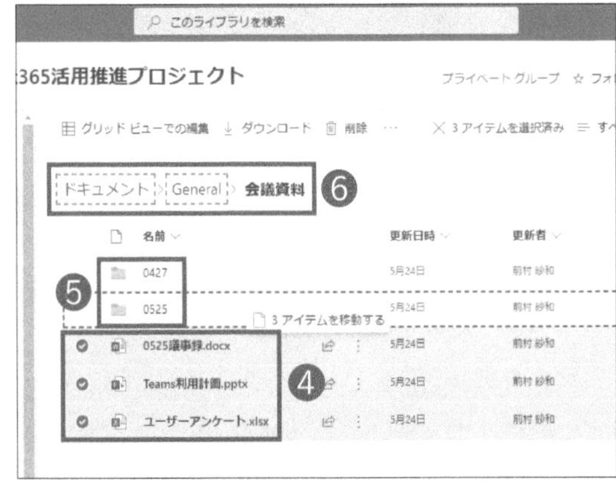

ブラウザーでSharePointのライブラリが表示され、［ファイル］タブと同じファイルが表示された。❹ファイルを選択し、❺フォルダーもしくは❻ナビゲーション部分（パンくずリスト）の上にドラッグ＆ドロップすると、移動する。新規フォルダーやファイルも作成できる。

チャネル間・他チームへもファイルを移動できる

SharePointのライブラリにある「移動」機能を使うと、移動先として、他のチャネルに紐づいているフォルダーを選択できます。作ったチャネルがあまり活用されず、ファイルをだけを残してチャネルを削除したい場合などにも利用できます。

移動を使うと、他のチームのライブラリにもファイルを移動できます。ただし、元のチームのメッセージで共有されていたファイルは、リンク切れになってしまうので注意が必要です。チームを削除する前に、必要なファイルだけを他のチームに移動させる場面では、便利に使えることがあります。

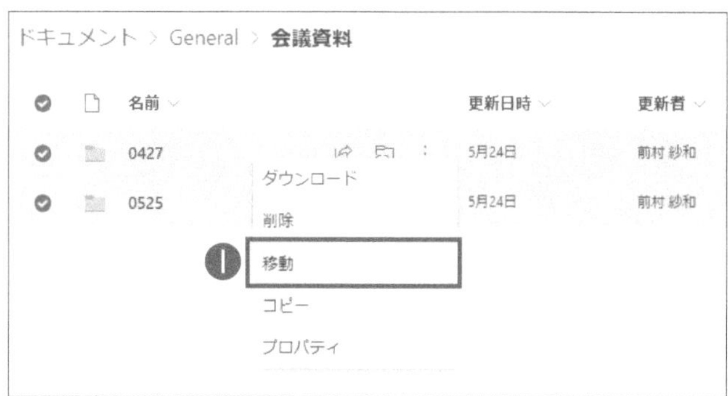

移動したいファイルやフォルダーを選択して右クリック→❶［移動］をクリック。

❷［○個のアイテムを移動］と表示された。チームやチャネルをまたいで移動先を選択できる。

すべてのファイルを更新順に表示する

ファイルをフォルダーで整理するうちに、フォルダーの数が増えたり、階層が深くなったりして、新規作成されたファイルがどこに追加されたか逆に探しづらくなることもあります。この問題は、すべてのファイルを更新日時順に並べ替えて表示する「ビュー」を作成することで、解決できます。

このビューがあると、過去に共有されたファイルをフォルダーで管理しつつ、最近共有されたファイルは、ビューを適用した一覧から素早く見つけられます。

フォルダーを使うときは、階層はできるだけ浅くシンプルにしておき、どういったルールで整理するのかを、チームのメンバーとしっかり共有しておくといいでしょう。そのうえで、ビューを併用すると便利です。

ビューは、チーム内のすべてのチャネルの［ファイル］タブで共有されるため、どこかのチャネルで作成しておけば、他のチャネルでも同様に切り替えて利用できます。

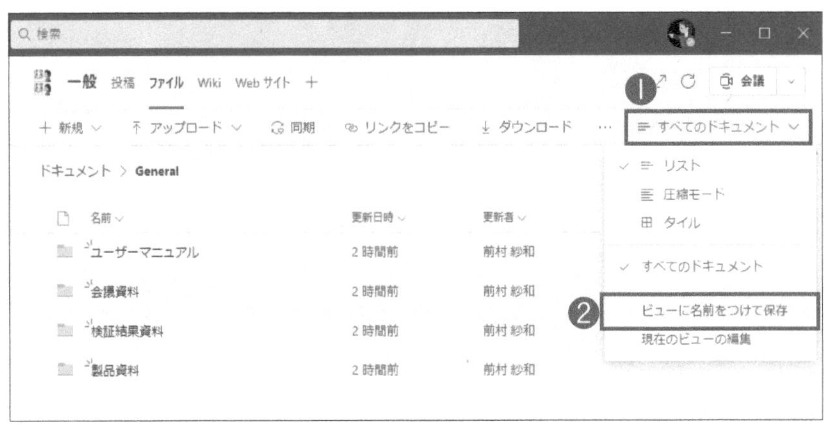

［ファイル］タブで❶［すべてのドキュメント］→❷［ビューに名前をつけて保存］をクリックすると、［名前を付けて保存］ダイアログボックスが表示される。ここでは「ファイル一覧」と入力し、［これをパブリックビューにする］にチェックを付けて、［保存］をクリック。

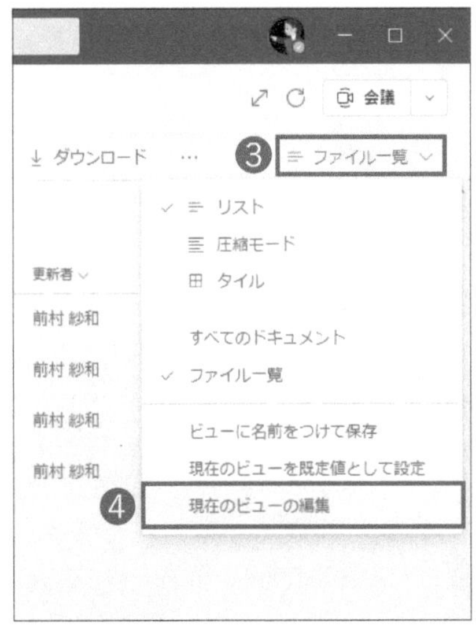

［すべてのドキュメント］が❸［ファイル一覧］に変わった。❸→❹［現在のビューの編集］を順にクリック。

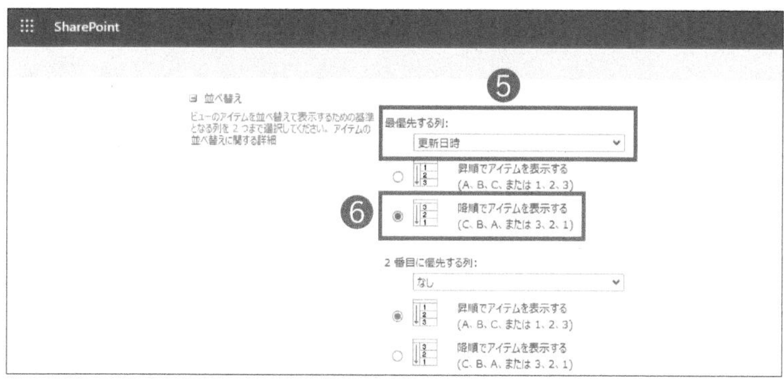

SharePointの[ビューの編集]がブラウザーで表示された。画面をスクロールして[並べ替え]の❺［最優先する列］で［更新日時］を選択し、❻［降順でアイテムを表示する］を選択。

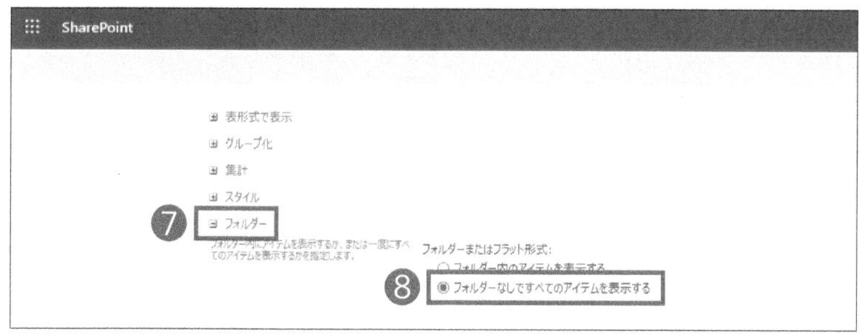

❼［フォルダー］を展開して設定を表示する。❽［フォルダーなしですべてのアイテムを表示する］を選択し、ページ下部の［OK］をクリックすると、フォルダーなしで更新順にファイルを表示するビューを作成できる。

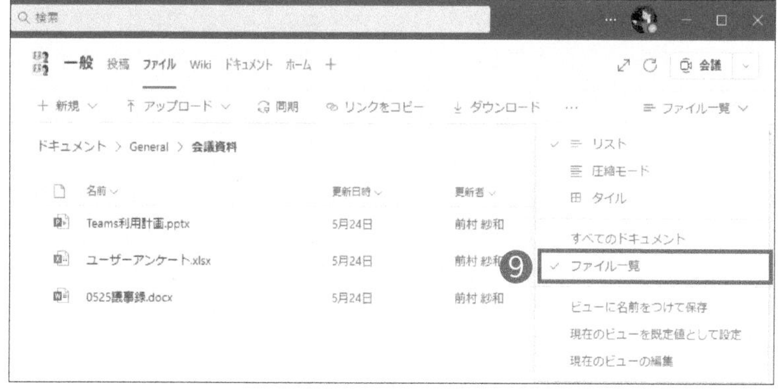

Teamsの［ファイル］タブに戻り、❾［ファイル一覧］に切り替えると、すべてのフォルダーが展開され、ファイルが更新日時順に並べ替えられた状態で表示される。

重要なファイルはチャネルの中で目立たせる

上部に固定／タブ

見てほしいファイルは上部に固定する

［ファイル］タブで複数のファイルを共有しているとき、それらのすべてが等しく重要ではなく、重要度に差があることが多いでしょう。メンバーに特に見てもらいたい重要度の高いファイルは、［上部に固定］の機能で目立たせるのが有効です。

上部に固定されたファイルは、一覧の上部にサムネイル付きで常に表示されます。フォルダーを作成している場合、各フォルダーごとに指定できます。新しいファイルが増えても埋もれないので、誰でもすぐに見つけることが可能です。

ファイル名を右クリックして❶［上部に固定］をクリックすると、❷ファイルのサムネイルが固定表示される。

タブに追加するとさらに表示しやすい

もっとファイルを目立たせたい場合には、チャネルのタブとしてファイルを追加しましょう。タブの追加に対応している種類のファイルは、［ファイル］タブの一覧から簡単に追加可能です。

例えば、チームの会議の情報をまとめるチャネルで、次の会議で利用する資料を会議前にタブとして追加しておきます。すると、会議中に資料を参照したいとき、メンバー全員がタブからすぐに表示できます。メンバー共通で、今すぐに見る必要のあるものをタブに追加しておくと便利です。

筆者がよく利用するのは、タブとして追加する方法です。ファイルの上部に固定した場合、メンバーが［ファイル］タブを開くまで存在に気付けないデメリットがあります。**ファイルの重要度が高いものは、上部に固定ではなくタブとして設定しておく**といいでしょう。

Teamsでは他にもさまざまなタブを追加できることもあり、タブの数が増えすぎてしまうことを懸念するケースもあるかもしれません。タブはチャネルごとに設定するため、きちんとチャネルを分けることで、それぞれのタブの数を抑えられます。

また、タブを削除しても元のデータは削除されません。ここで紹介しているファイルを表示するタブも、チャネルで共有されているファイルの内容を表示しているだけであり、タブが削除されてもファイル自体はチャネルに残ります。再度タブに追加するのも簡単なので、不要だと感じたタブは小まめに削除してもいいでしょう。

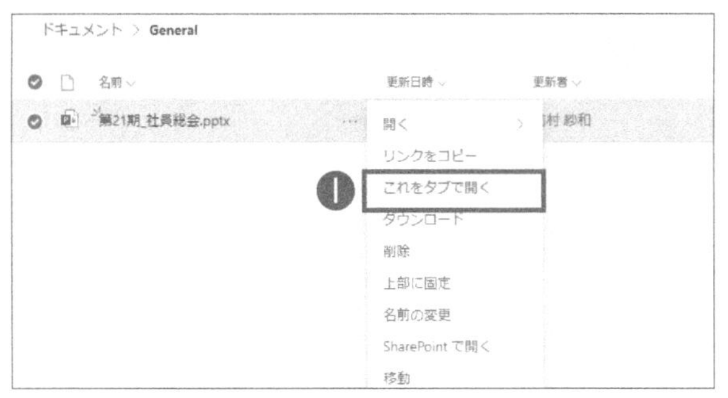

［ファイル］タブでファイル名を右クリックし、❶［これをタブで開く］をクリック。

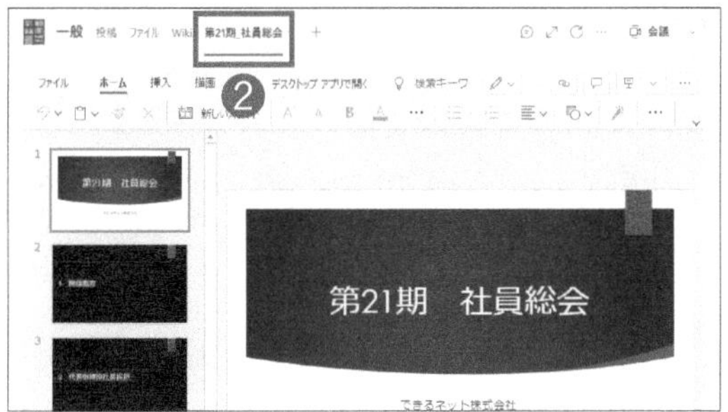

ファイルが表示されると同時に❷タブが追加された。

共同編集するOfficeファイルはTeamsで共有する

Microsoft 365 Apps／Word／Excel／PowerPoint

チームで共有されたファイルを共同編集

チームで共有されたOfficeファイルは、チームのメンバーであれば誰でも編集できます。Teams上で開けば、そのまま簡単な編集も可能です。

さらに、複数のメンバーが同じファイルを開いたとき、同時に編集することもできます。画面上では、誰が今ファイルを開いているのか、どこを編集しようとしているのかが表示されます。Excelであればセル単位、PowerPointであればオブジェクト単位などで他のユーザーの編集箇所を把握できるため、**誤って同時に編集して上書きするような事態も起こりにくくなっています**。

例えば、表が含まれたExcelファイルをチームで共有し、メンバー各自がそれぞれの情報を入力するような業務はよくあります。この過程では、入力が終わったら次の人にファイルを渡す作業に時間を取られたり、共有されたファイルを開いたら、他のメンバーが編集中でロックされていたりする問題が起こりがちです。チームでファイルを共有して共同編集の機能を使えば、こうしたトラブルを解決できます。

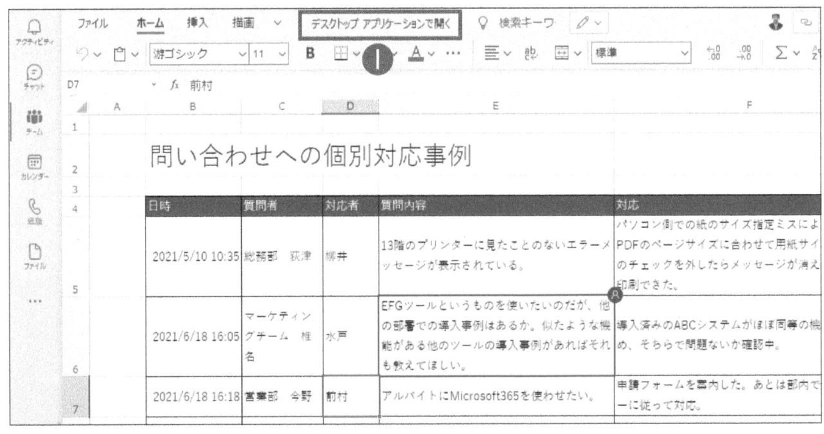

チームで共有しているOfficeファイルをTeamsで表示すると、メンバーと同時に編集できる。また、ファイル上に他のメンバーが編集している箇所が表示される。❶［デスクトップアプリケーションで開く］をクリックすると、同じファイルをOfficeアプリで編集できる。

アプリで開いて共同編集

Officeファイルを本格的に編集するとなると、利用できる機能や操作性を考えた場合、TeamsではなくデスクトップのOfficeアプリを使いたいものです。チームで共有されているファイルは、ダウンロードすることなくそのままOfficeアプリで開くことができます。

編集した内容は、直接Teams内のファイルに保存されます。他のメンバーとの共同編集も可能です。

例えば、顧客に提出するPowerPointの資料を作成するとき、Teamsのビデオ会議で話をしながら、会議の参加者が同時にファイルを編集する使い方があります。これまでのように、各メンバーがそれぞれの担当分を作成したあとで、それを集めて1つのファイルにマージする手間が不要です。

また、前回ファイルを開いてから他の誰かがファイルに編集を加えていた場合は、その編集箇所が強調表示され、編集内容をすぐに確認できます。

共同編集は、ファイルがSharePointやOneDriveに保存されている状態であれば、Microsoft 365で提供されているMicrosoft 365 Appsで行えます。Teamsでファイルを共有すると、自動的にファイルがSharePointやOneDriveにアップロードされるので、特に意識することなく簡単に実施できるのが利点です。

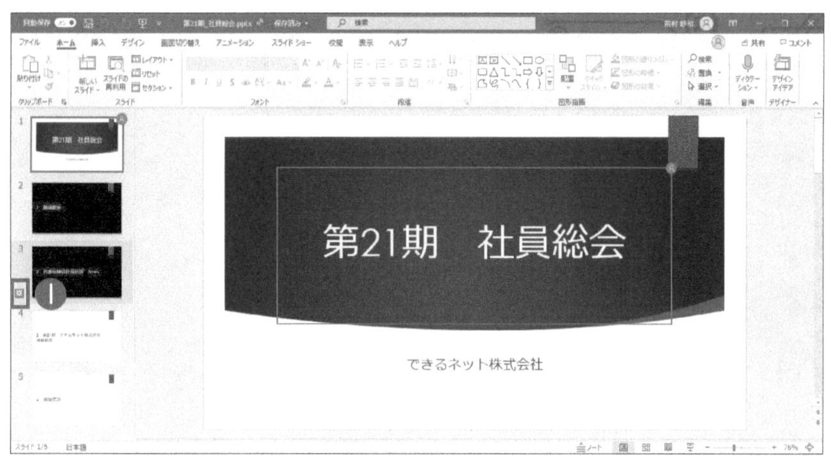

チームで共有されたファイルは、デスクトップアプリでも他のメンバーと同時に編集できる。自分が前回ファイルを開いてからもう一度開くまでの間に、他のメンバーが編集した箇所があると❶強調表示される。

共有しているファイルの誤編集を防ぐ

常に読み取り専用で開く／ドキュメントライブラリ

Officeファイルの誤編集を防ぐ

チャネルで共有されたOfficeファイルはメンバー全員が編集可能なため、開いたときに、誤って編集してしまうなどの誤操作が発生することもあります。これを防ぐには**「常に読み取り専用で開く」ように保護しておく**方法があります。

この設定を行ったファイルをチームで共有すると、そのファイルを開いた直後は読み取り専用モードになります。このままファイルを閲覧すれば、不意な操作によって編集することがありません。ファイルを編集したいときは、手動で［編集］に切り替えられます。

この［編集］の切り替えは、保護されていないファイルに対してもできます。自分が誤って編集しそうなときは［表示］や［閲覧］などに切り替えてから、ファイルを確認すると安心です。

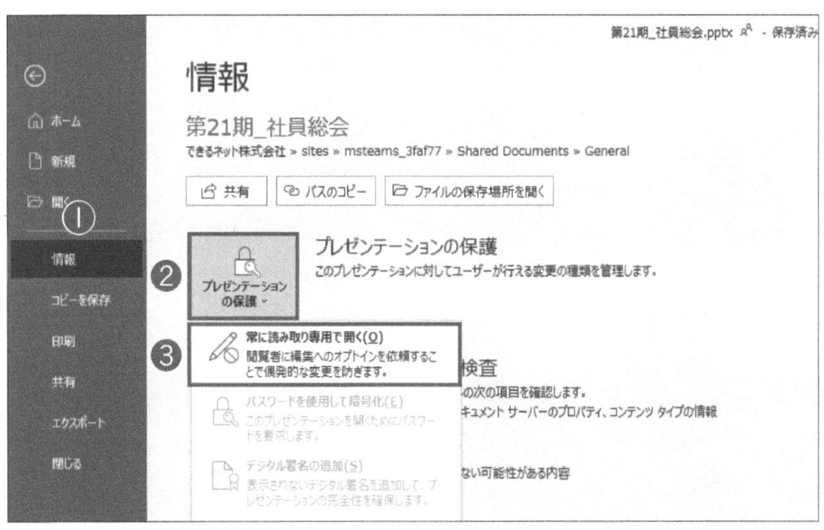

Officeアプリの［ファイル］タブ→❶［情報］を順にクリックすると、PowerPointの場合は❷［プレゼンテーションの保護］と表示される。Wordでは［文書の保護］、Excelでは［ブックの保護］と表示される。❷→❸［常に読み取り専用で開く］を順にクリック。

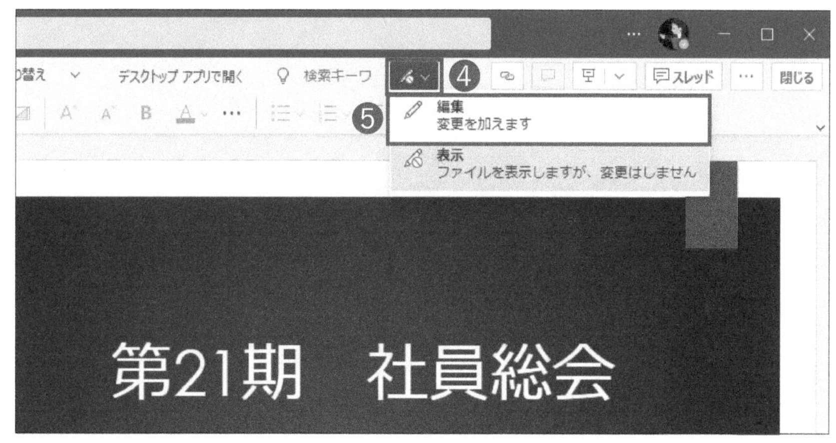

常に読み取り専用で開くファイルは❹［表示］などと表示され、そのままでは編集できない。❹→❺［編集］を順にクリックすると、編集が可能になる。

所有者だけが編集できるライブラリを作る

SharePointサイトでは、チームの所有者だけがアップロードや編集ができるライブラリを作成できます。メンバーに資料を配布するなどの用途で便利です。

まず、チームのSharePointサイトで、メンバーの権限を「閲覧」にした「ドキュメント ライブラリ」を作成します。すると、このライブラリにはチームの所有者しかファイルをアップロードできなくなります。

ライブラリの権限を変更する前に、まずは「権限の継承を中止」し、元のサイトとは異なる権限を設定できるようにします。その後、メンバーの権限を閲覧に変更することで、このライブラリのみ、メンバーがファイルをアップロードできなくなります。

このライブラリを、Teamsのチームのチャネルに［SharePoint］タブ、または［ドキュメント ライブラリ］タブのいずれかを利用して追加します。

筆者のおすすめは［SharePoint］タブです。使い勝手がSharePointのライブラリに近く、より多くの機能を利用できるからです。一方で、あまり多くの機能は使わず、よりシンプルに利用したい場合には［ドキュメント ライブラリ］タブがいいでしょう。それぞれUIが少し異なるため、実際に試してみて要件にあったものを選択してください。

SharePointの権限設定に関する操作知識が必要ですが、方法を覚えればさまざまな用途で応用できるワザです。

ドキュメントライブラリを作成する

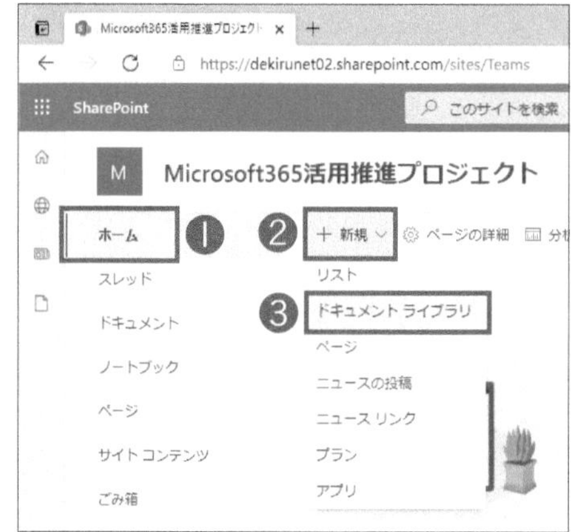

❶［ホーム］から❷［新規］→❸［ドキュメントライブラリ］を順にクリックし、ライブラリ名や説明などを入力して［作成］をクリックすると、ドキュメントライブラリが作成される。

権限の継承を中止する

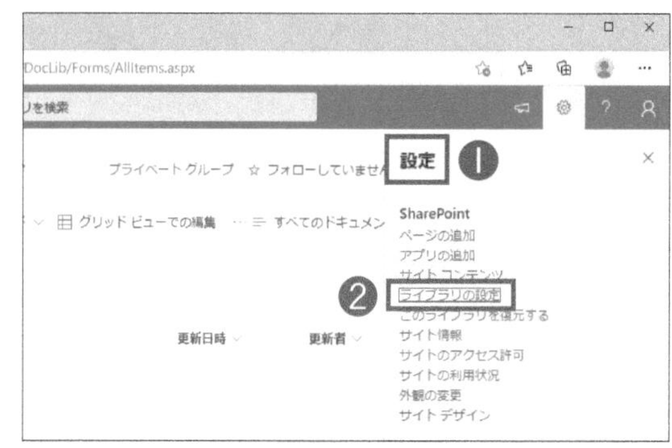

❶［設定］→❷［ライブラリの設定］を順にクリック。

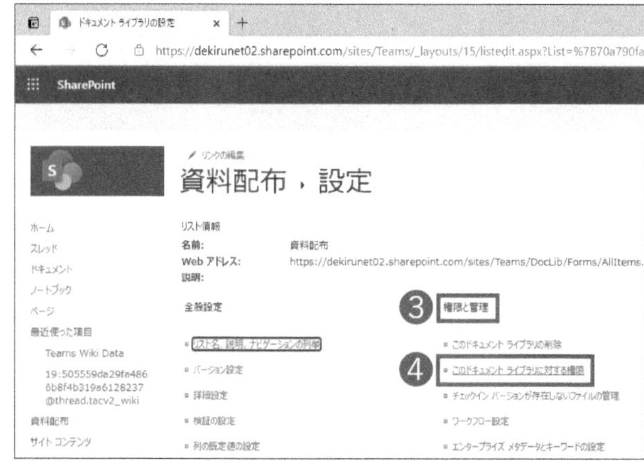

❸［権限と管理］から、❹［このドキュメントライブラリに対する権限］をクリック。

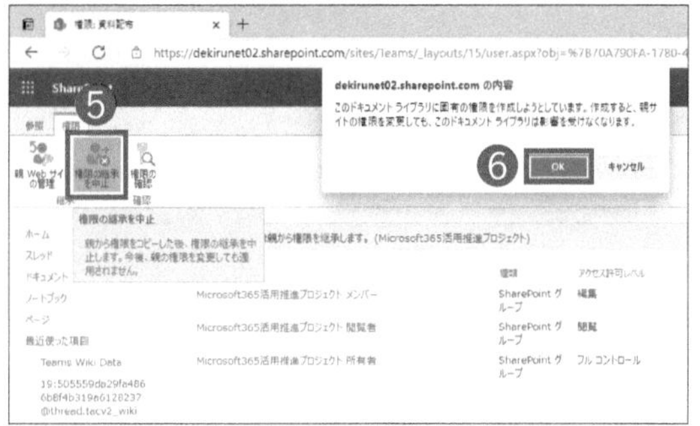

❺［権限の継承を中止］をクリックし、注意文のダイアログボックスの❻［OK］をクリックすると、SharePointの親サイトの権限の変更が、このライブラリの権限に影響しなくなる。

ユーザー権限の設定を変更する

❶権限を変更する対象（ここではメンバー）にチェックを付け、❷［ユーザー権限の編集］をクリック。

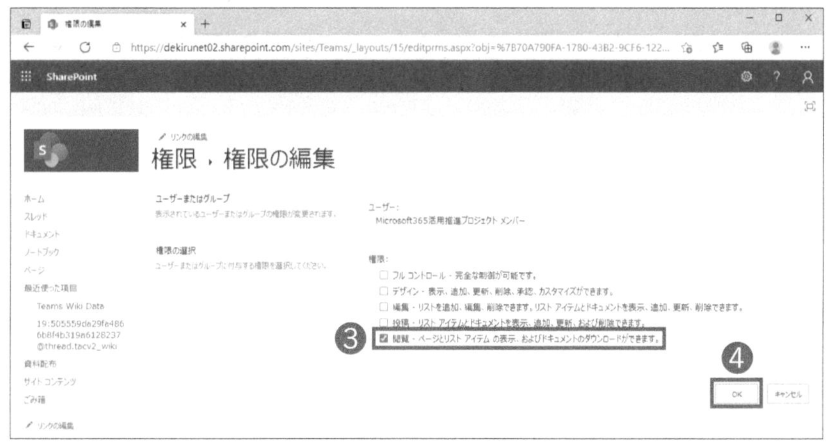

❸［閲覧］のみにチェックを付けて❹［OK］をクリックすると、権限の設定が完了し、メンバーはファイルをアップロードしたり編集したりできなくなる。

不要になったチームは定期的に見直して削除する

チームを削除

リソースのムダやセキュリティリスクを抑える

Teamsを利用していると、役割を終えて使われなくなったチームや、作成したものの利用されていないチーム、試しに作ってみただけのチームも増えてきます。さまざまな企業のチームを見ていると「テスト1」のように、明らかに使われていないものも多く見られます。こうしたチームが残っていると、いつまでも画面上に表示され邪魔になっていたり、検索結果に不要な情報が出てきてしまったりします。

邪魔なだけでなく、企業に割り当てられたMicrosoft 365の容量などのサービスリソースをムダに消費してしまうほか、過去に共有されたファイルや情報が管理されることなくずっと共有され続けてしまうことにより、管理者にとってはセキュリティ面のリスクもあります。こうした懸念から、そもそもユーザーには自由にチームを作成できないようにしようと考える管理者も多くいるようです。しかし、それではTeamsのよさを損ねてしまうことにもなります。

自由にチームを作成できるぶん、**ユーザーには作成したチームを管理したり、不要であれば削除したりする責任が伴います**。自分が作成したチームや参加しているチームで、もう削除しても構わないものがあれば、きちんと削除しましょう。

どのようなチームを削除すべきかは、企業またはチームによって異なります。しかし、放っておいては自主的にチームを削除するユーザーは少ないのが実態です。削除するきっかけを与えるためにも、定期的なチームの見直しが必要になります。

企業によっては、半年や年に1回の「チームクリーンアップキャンペーン」を企画し、その時点で不要なチームを削除してもらうよう、ユーザーに働きかけることもあります。または、IT部門が組織内のすべてのチームの棚卸しを行い、最近利用されていないチームの所有者に個別に連絡を取り、削除を促す場合もあります。

不要なチームを削除する

チームは、そのチームの所有者であれば削除できます。チームが削除されると、チームに紐づいて作成されていたSharePointサイトも削除され、共有されていたファイルも見られなくなります。

チームが削除されてから30日以内であれば、IT部門などの管理者がアクセスできる、Microsoft 365管理センターで復元できます。30日間を超えると復元できないので、注意しましょう。誤って削除してしまったチームがあれば、所有者はできるだけ早く管理者に連絡してください。

P.33を参考に［チームを管理］を表示しておく。チームの❶［その他のオプション］→❷［チームを削除］を順にクリック。

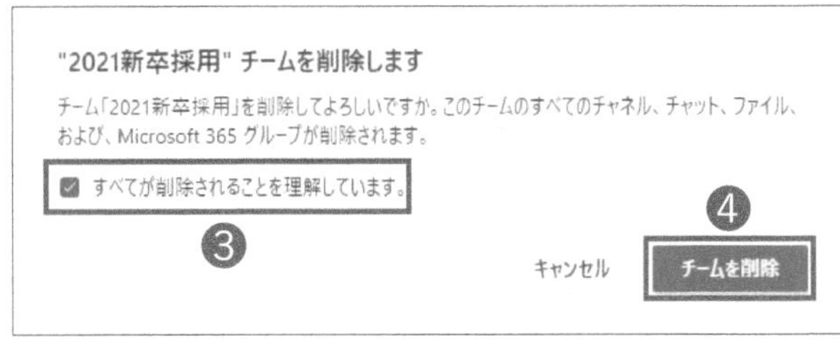

注意文が表示された。❸［すべてが削除されることを理解しています］→❹［チームを削除］を順にクリックすると、チームが削除される。

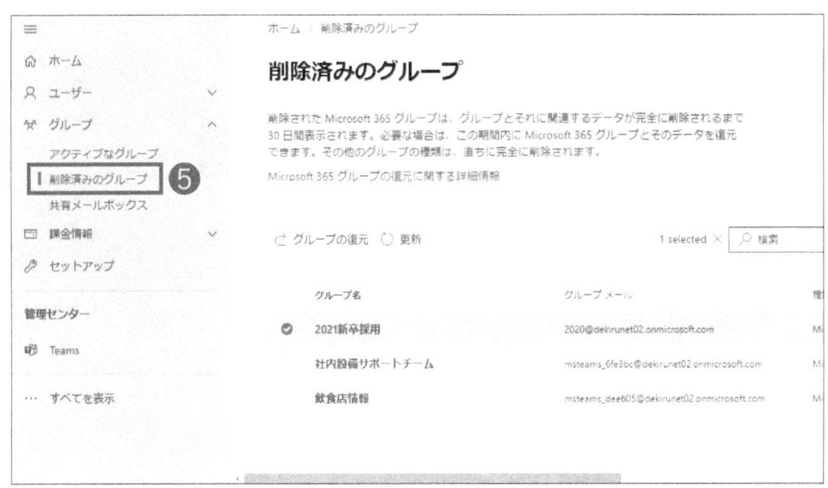

削除されてから30日以内のチームであれば、Microsoft 365管理センターの❺［削除済みのグループ］から復元できる。

自動投稿機能をPower Automateで作る

Power Automate

Teamsとの連携が便利

Teamsは、Microsoft 365に含まれるPower Automateを使って、機能を拡張したり他のサービスと連携したりできます。Power Automateとは、**指定した条件で何らかの操作を実行する「フロー」と呼ばれる自動処理を、クラウド上に登録し実行できる**サービスです。

以下の図のように「もし～ならば」を示すトリガーと「～する」を示すアクションを組み合わせて、自動処理のルールを作成していきます。

Power Automateの基本ルール

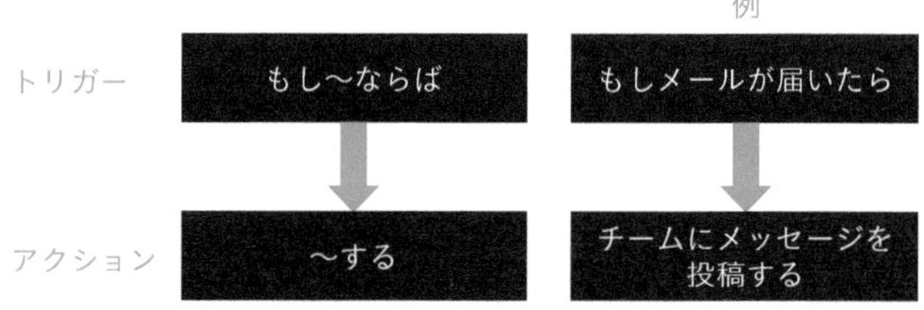

トリガーやアクションからは、TeamsやSharePoint、Planner、Exchangeなどのデータやイベントを取得し、並列処理やループ処理などのプログラマブルな処理を実現します。ブラウザー上で、簡単なキーボードやマウス操作で作成できるものも多いので、気軽に試してみましょう。ここではTeamsを組み合わせた例をいくつか紹介します。

Power Automate
https://flow.microsoft.com/ja-jp/

フローを作成する

Power Automateにアクセスし、❶［作成］をクリックするとフローの作成方法の選択画面が表示される。ここでは❷［自動化したクラウドフロー］を選択する。

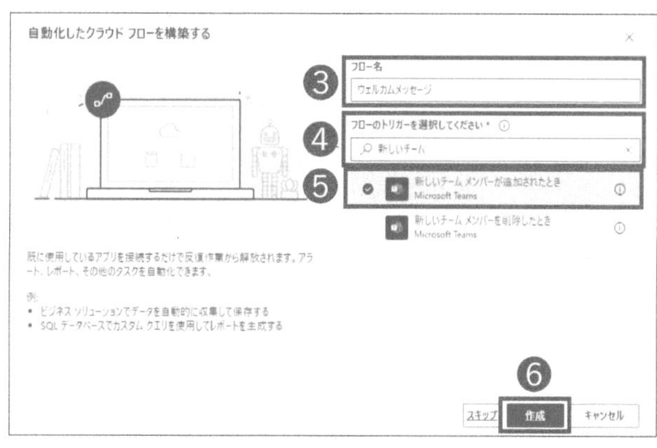

❸［フロー名］を入力しておく。❹［フローのトリガーを選択してください］にトリガーの名前を入力し、❺［候補］を選択して❻［作成］をクリックすると、1つめのトリガーが作成される。

ウェルカムメッセージを自動投稿する

チームに参加したメンバーに対するウェルカムメッセージを自動投稿してみましょう。このとき投稿されるメッセージにチームの紹介や利用ルールを含めておくと、新たなメンバーでもチームになじみやすなり、参加意欲を高められます。

このフローでは、1つのトリガーと2つのアクションを設定します。Teamsの「新しいチームメンバーが追加されたとき」が実行のトリガーで、「メッセージを投稿する」がアクションです。

さらに、メッセージに新たに参加したメンバーへのメンションを含めるため、トリガーとアクションの間に「ユーザーの@メンショントークンを取得する」アクションを追加し、メッセージに含めるメンションを作成しています。このように、そのアクションよりも前に実行されたアクションから、データを取得して連携させ、一連の処理を作成できます。

なお、トリガーの種類によって、実行されるタイミングは異なります。今回のトリガーは15分間隔で実行されるため、指定したチームに新たなメンバーが追加されると、最大15分以内にチャネルにウェルカムメッセージが投稿されます。

チームに新しいメンバーが追加されたときに、そのメンバーのメンションが入ったウェルカムメッセージを投稿するフローを作成する。

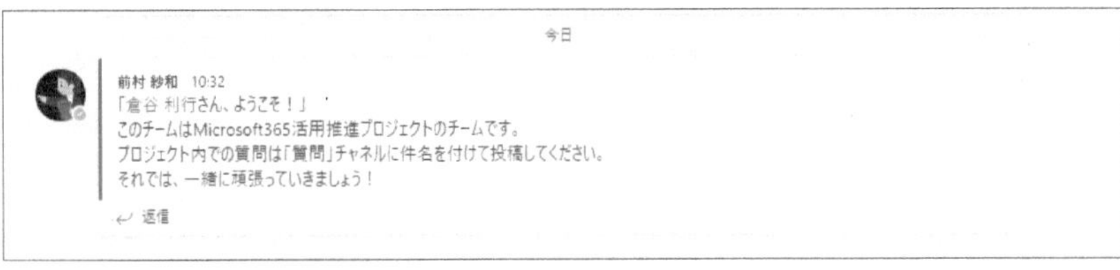

トリガーが実行されたタイミングで、チャネルにメッセージが投稿される。

完了したタスクをチャネルに通知する

チャネルにタブとして追加されたPlannerのタスクが完了したら、チャネルにメッセージを投稿してメンバーに通知してみましょう。Planner自体にTeamsに通知を送る機能はないため、Power Automateを利用して実現します。

今回のトリガーはPlannerとなるため、あらかじめチームのチャネルにPlannerタブを追加しておきましょう。その後、Power Automateでフローを作成し、Plannerの「タスクが完了したとき」をトリガーとして、Teamsの「メッセージを投稿する」をアクションにします。

このトリガーはリアルタイムで実行されるため、チャネルのPlannerタブのタスクが完了するとすぐに、チャネルに完了通知のメッセージが投稿されます。

タブに追加したPlannerのタスクが完了したときに、メッセージを投稿するフローを作成すると、タスクが完了したタイミングでメッセージが投稿される。

共有メールボックスの新着通知を受け取る

Exchangeの共有メールボックスへの新着通知を、チャネルに投稿できます。社内のヘルプデスクなど、ユーザーからの問い合わせを共有のメールアドレスで受け、チーム内のやりとりはTeamsで行っている場合などに有効な利用例です。

トリガーがExchangeの共有メールボックスであるため、事前にメールボックスを作成し、フローを作成するユーザーにアクセス権を付与しておきましょう。Power Automateでは、Office 365 Outlookの「新しいメールが共有メールボックスに届いたとき」をトリガーとし、Teamsの「メッセージを投稿する」をアクションにするフローを作成します。

メッセージにメール差出人の情報を含めたい場合は、Office 365ユーザーのプロファイルを利用します。ユーザープロファイルは、Office 365 ユーザーの「ユーザープロフィールの取得」アクションに、トリガーから得られる差出人を設定します。

このトリガーもほぼリアルタイムで実行されるため、メールボックスにメールが届くと、すぐにチャネルに新着の通知メッセージが投稿されます。

共有メールボックスにメールが届いたときにメッセージを投稿するフローを作成すると、メールを受信したタイミングでメッセージが投稿される。メッセージにメール差出人などの情報を含めることも可能。

投稿をタスクとしてTo Doに登録する

チャネルの投稿をトリガーにした処理も可能です。これにより、チームでの会話で生じたタスクなどを、そのまま他のシステムに登録するような連携を実現できます。ここでは、チャネルに投稿されたメッセージをMicrosoft To Doに登録してみましょう。

Teamsがトリガーになりますが、すべての投稿をタスクとして登録する必要はないため、手動でTo Doに登録するメッセージを選択できる「選択したメッセージの場合」トリガーを利用します。このトリガーは、フローの実行時にユーザーが追加情報を入力するダイアログを作成できるので、タスクの名前を入力できるようにしておきます。後はTo Doの「To Doを追加する」アクションでタスクを作成します。

このトリガーは、自動では実行されません。メッセージのオプションから作成したフローを選択し、情報を送信すると、To Doに新たなタスクが登録されます。

以前はPower Automateで実現するしかなかったこの機能ですが、現在ではTeams標準の機能として[タスクの作成]が追加されています。しかし、このフローを応用すれば、タスクの作成と同時に他のアクションを実行するなど、自身の業務にあわせたカスタマイズが容易です。標準機能にはない部分を自由に作成できるのも、Power Automateの利点です。

「選択したメッセージに対して」トリガーと「To Doを追加する」アクションで「タスクの追加」という名前のフローを作成する。［タイトル］に入力する❶動的なコンテンツのIDは、次の手順で設定可能。❷［アダプティブカードの編集］をクリック。

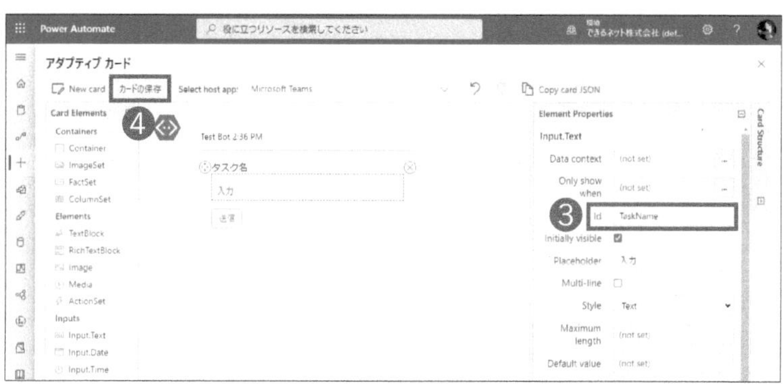

アダプティブカードの編集画面が表示された。ここでは入力欄の❸［ID］に「TaskName」と入力しておく。❹［カードの保存］をクリックするとフローの編集画面にも戻るので、［タイトル］に「taskName」という名前の動的なコンテンツを追加して、フローを保存する。

タスクを追加する

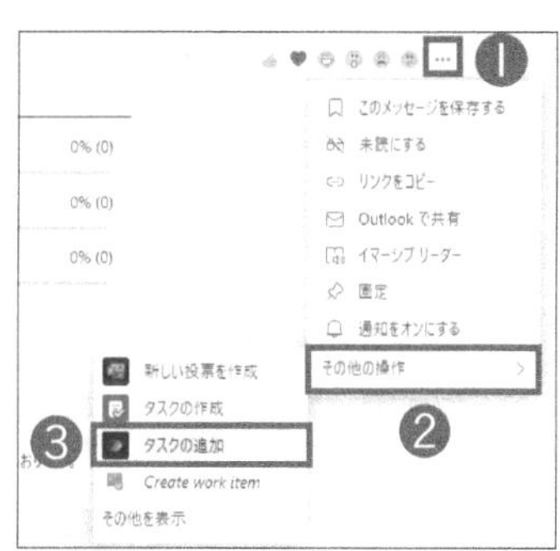

チャネルのメッセージにマウスポインターを合わせて、❶［その他のオプション］→❷［その他の操作］→❸［タスクの追加］を順にクリック。

タスク名を入力して❹［Submit］をクリック。

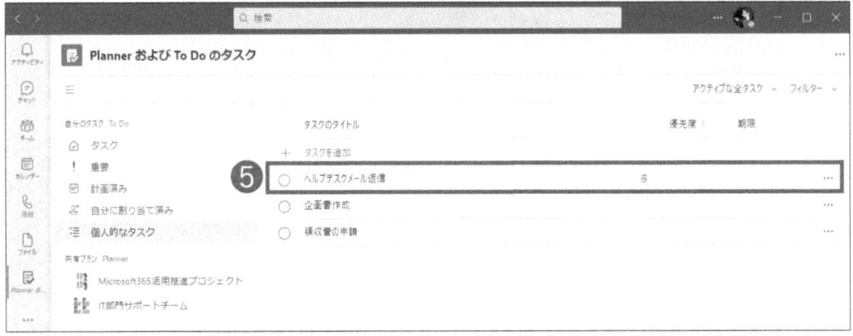

To Doを確認すると、送信した❺タスクが追加されているのが分かる。

Power AutomateのTeamsアプリ

Power Automateを利用する機会が増えたら、TeamsにPower Automateアプリをインストールすると便利です。Power Automateで作成したフローを、Teams内で確認・編集できます。アプリの追加方法はワザ52（P.176）を参照してください。

Power AutomateのアプリをTeamsに追加すれば、簡単にアクセスできる。

第2章

チャットの使いどころ

チャネルの投稿と使い分ける方法や、
チャットならではの便利な機能などを
紹介しています。

チャットは特徴を理解して使う

チャット／既読／通話

少人数の簡単な会話だけならチャットが手軽

Teamsのチャットでは、1対1または少人数での簡単な会話ができます。チャットでの会話はチャネルと異なり、スレッド形式にはなりません。会話に参加しているユーザーのメッセージが、投稿された順番で表示されます。私たちが普段の生活で利用する、多くのチャットツールと同じような使い勝手であり、なじみやすいと感じる人も多いでしょう。

しかし、この形式は**ちょっとした会話では使いやすい反面、後から探したときに会話の流れを確認しづらい**です。あくまでチャットは、その場限りの連絡手段として利用するのに適しています。

チャットでは、チームのチャネルのメッセージと同様に、テキスト入力や書式の設定、絵文字、メンション、ファイル添付、リアクションを利用できます。ただし、メッセージに件名を付けたり、アナウンスを作成したりすることはできません。チャネルのメッセージと比べると使える機能がやや少ないのが特徴です。

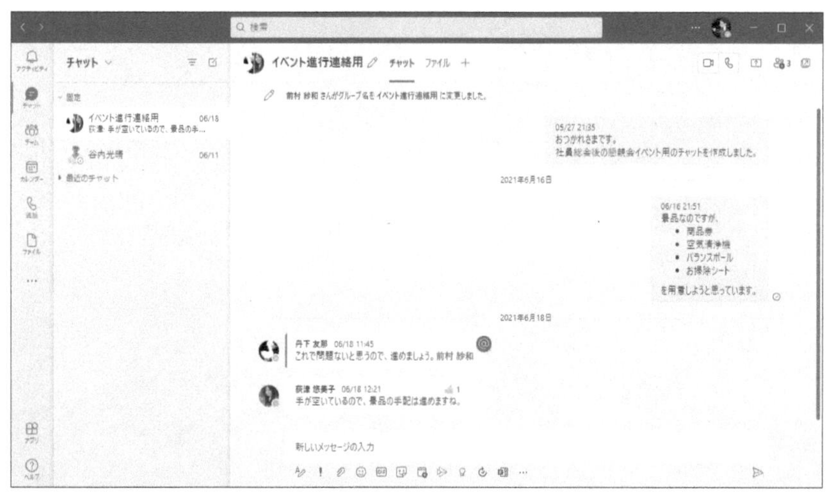

チャットでは、メッセージが投稿された順番で表示される。

既読を付けても即座に返信しなくていい

チャットでは、相手がそのメッセージを読んだかを示す「既読マーク」を利用できます。連絡手段としての役割があるチャットでは、相手がそのメッセージを読んでくれたかを把握するのも重要です。

ここで気を付けたいのは、**既読マークが付いても相手からすぐに返信があることを期待してはいけませんし、すぐに返信する必要もない**ことです。メッセージを読めたからといって、返信できる状況だとは限りません。

私生活でもSNS疲れが話題になるように、既読マークがつくのを嫌がり、メッセージを確認しなくなる人もいます。これが業務で起きてしまうと、せっかくのチャットツールがスムーズな業務進行の妨げになってしまいます。

それでも、既読だけ付くのが気になる場合は、まずは「いいね！」などのリアクションを返しておくといいでしょう。

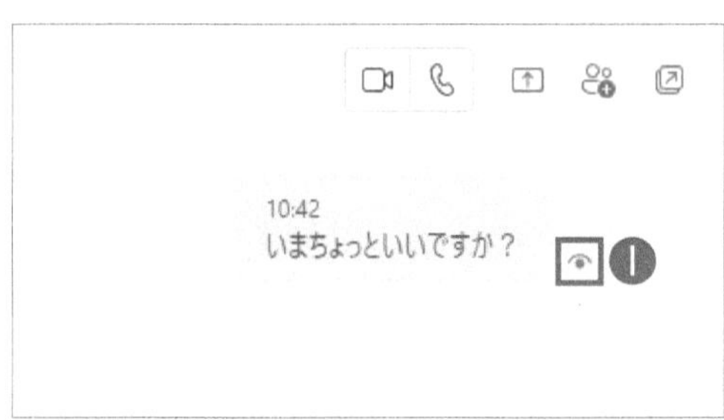

自分が投稿したメッセージを相手が読むと、❶［既読］マークが付く。

通話を適度に使う

チャットのビデオ通話と音声通話は、会話に参加しているユーザーとワンクリックで通話を開始できる機能です。

特にTeamsを利用してテレワークをしている場合、通話を上手に活用することが大事です。文字だけのコミュニケーションは、時には上手く相手に用件が伝わらず、時間ばかり使ってしまうことがあります。ここで短時間の通話をしてみると、**チャットでは30分かかる話題が5分で終わる**ことも少なくありません。

通話に比べると負担が小さいとはいえ、チャットがダラダラと継続し結論が出るまで時間がかかることは、互いの業務にとっていいことではありません。まずはチャットで会話を始め、5分以上かかるようであれば、途中から通話に切り替えてしまうのも手です。

反対に、時間がかかる用件だと分かっていてすぐにでも通話したい状況でも、チャットから会話を始めましょう。相手の状況や場所によっては、すぐに通話を受けられない場合もあります。最初にチャットで相手の状況を確認してから通話に切り替えるとスムーズです。

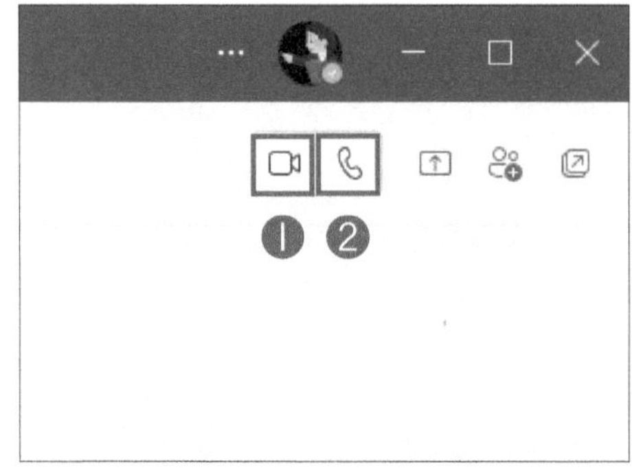

チャットでやりとりしている相手と❶［ビデオ通話］と❷［音声通話］をすぐに開始できる。

チャットとチームのバランスを意識する

チャットで話された内容は、すべて当事者間で閉じられたものになってしまいます。例えば、業務の担当者にチャットで質問して回答をもらった場合、その質問と回答は相手と自分だけのものになってしまいます。同じ質問をしたい他の人たちが、それぞれチャットで連絡してしまうと、相手にとっては何度も同じ回答をすることになり、まったく効率的ではありません。数カ月後や翌年に同じ質問があれば、さらに同じやりとりを繰り返すことになります。

身の回りや会社全体の業務を考えたとき、より多くの情報が共有されていることは、効率化にもつながります。**チームのメンバーに対する質問は、チャットではなくチームで**行いましょう。

また、組織をまたいだり会社全体で共有したりしたいものは、Yammerを利用するのもいいでしょう。ITヘルプデスクや総務、人事などに関する質問などをYammerで行い、社内で共有している企業もあります。よくある質問として整理し、SharePointにまとめておいて共有することもできます。

社内への情報共有の視点を持ち、チャットだけでなく、チーム、さらにはTeams以外の機能も活用できるように意識しましょう。

1対1とグループでのチャットを素早く開始する

1対1チャット／グループチャット

1対1でのチャットをはじめる

これまでにチャットをしたことのない相手とチャットを開始するには、[新しいチャット]で相手を指定し、メッセージを投稿する方法が一般的です。**過去にチャットをしたことがある相手は［最近のチャット］一覧に表示されます**。それまでのやりとりを確認したり、会話を再開したりできます。

履歴が［最近のチャット］に表示されていないときは、［新しいチャット］で相手をあらためて指定しましょう。過去のやりとりが再び呼び出され、参照できます。

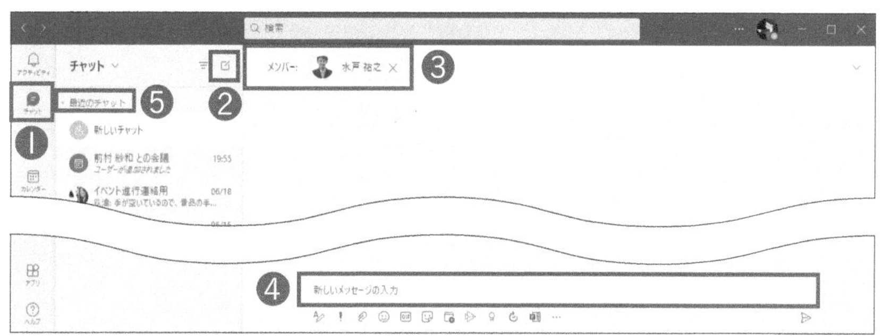

❶［チャット］→❷［新しいチャット］を順にクリック。❸［メンバー］に相手の名前を入力して選択し、❹メッセージの入力ボックスをクリックするとチャットを開始できる。これまでにやりとりしたことがある相手は、❺［最近のチャット］に表示される。

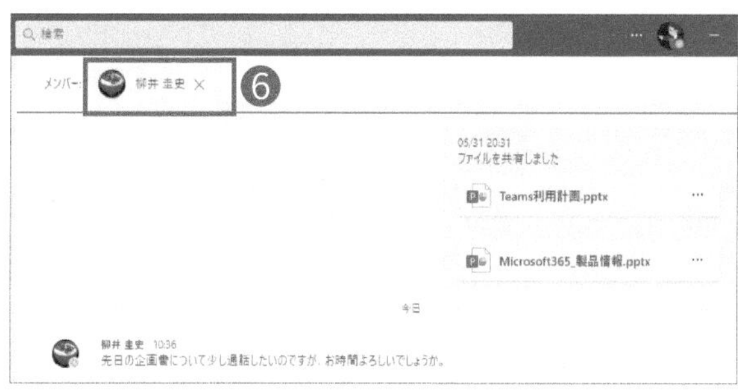

過去にチャットした相手を❻［メンバー］で選択すると、会話の履歴が表示され、やりとりを再開できる。

素早くチャットを送信する

チームのメンバーなど、Teamsの画面上にユーザーアイコンが表示されている相手は､メニューからチャットのメッセージを送ることができます。他には､検索ボックスを使ってチャットのメッセージを送る方法もあります。

これらの方法は、画面を［チャット］に切り替えずにメッセージを投稿できます。覚えておくと、より素早く連絡可能です。

ユーザーアイコンから投稿する

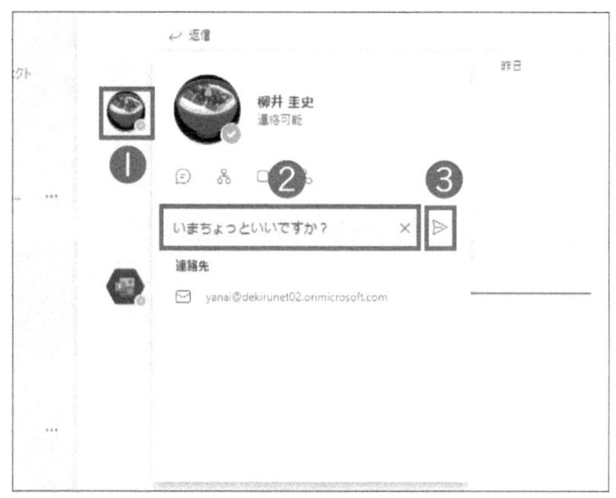

❶［アイコン］をクリックすると、メニューが表示される。❷［クイックメッセージを送信］にメッセージを入力して❸［送信］をクリックすると、メッセージを投稿できる。

検索ボックスを使う

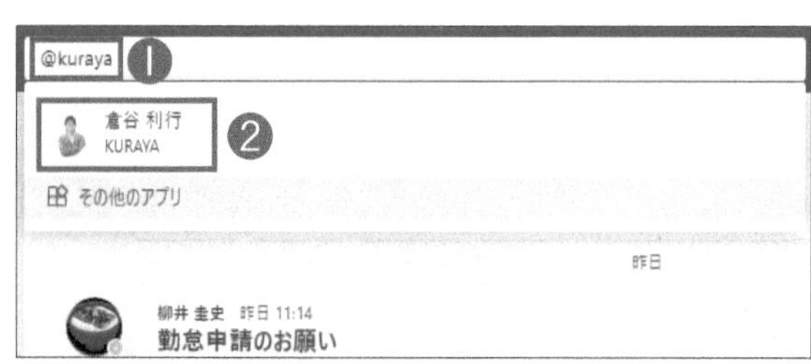

［検索］に❶「@」と相手の名前を入力し、❷候補からメッセージを投稿する相手を選択。

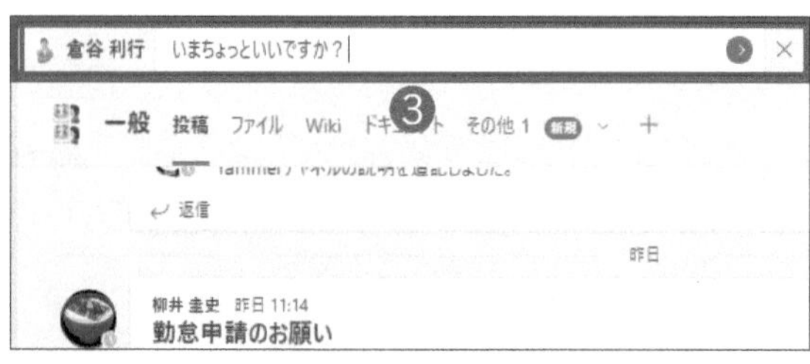

❸［検索］が変化し、指定した相手にメッセージを投稿できるようになった。

グループチャットをはじめる

[新しいチャット]で複数の相手を指定すると、グループチャットを開始できます。1対1でのチャットとの大きな違いは、グループ名を付けられることと、新たなメンバーを追加したときにそれまでの会話履歴を引き継ぐかを選択できることです。なお、1対1のチャットに3人目を追加したときには、履歴を引き継ぐことはできないので注意しましょう。

1つのグループチャットにつき、最大250名のメンバーが利用できます。ただし、20名以上が追加されているチャットでは、画面共有やビデオ・音声での通話などが無効化されます。

多くの場合、人数が増えて定期的なコミュニケーションが必要なら、チャットではなくチームを作成して利用するのがいいでしょう。反対に、その場限りの連絡や、承認されるか不明なプロジェクトの事前のちょっとした相談など、**その後は継続する必要がないであろうやりとりではグループチャットが使いやすい**です。

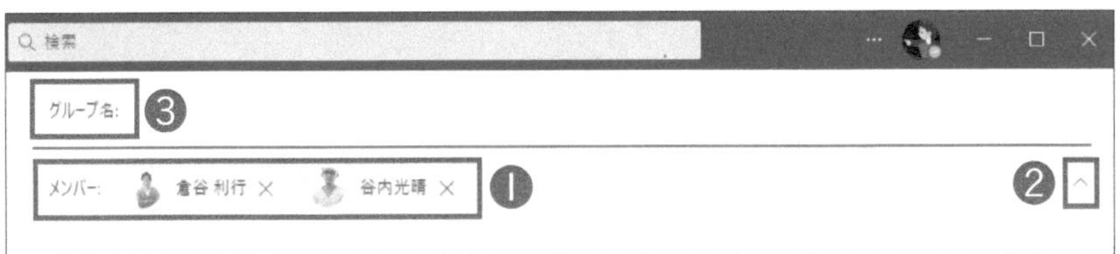

グループチャットをしたいユーザー全員を[新しいチャット]の❶[メンバー]に入力して選択する。❷[グループ名を追加して、新しいグループチャットを作成する] をクリックすると、❸ [グループ名] を入力できる。メッセージの入力ボックスをクリックすると、グループチャットを開始する。

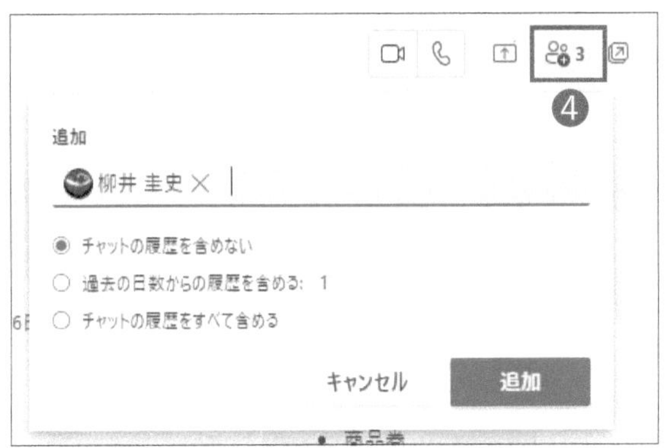

❹ [参加者の表示と追加] → [ユーザーの追加] を順にクリックすると表示される画面から、メンバーを追加できる。追加時に、新しいメンバーがそれまでのチャットの履歴を読めるかどうか選択する。

画面を共有しながら相談やトラブル解決をする

画面共有

チャットからすぐに画面共有する

チャット特有の機能として、カメラやマイクを使わない画面共有があります。これを使って、デスクトップで開いているアプリや資料を相手と一緒に見ながら、同時に文字のチャットで議論やレビューができます。

文字だけでは説明しづらい場面で、実際の画面を一緒に見ながらチャットで指示するように使うと便利な機能です。必要があれば、途中でマイクを有効にしてそのまま音声での通話を加えることもできます。

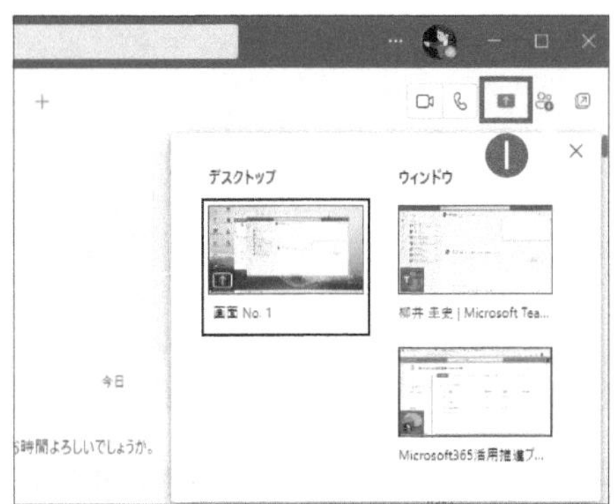

❶[画面共有]をクリックすると、共有するデスクトップやウィンドウの選択画面が表示される。共有したい画面をクリックすると、相手に自分の画面を表示できる。

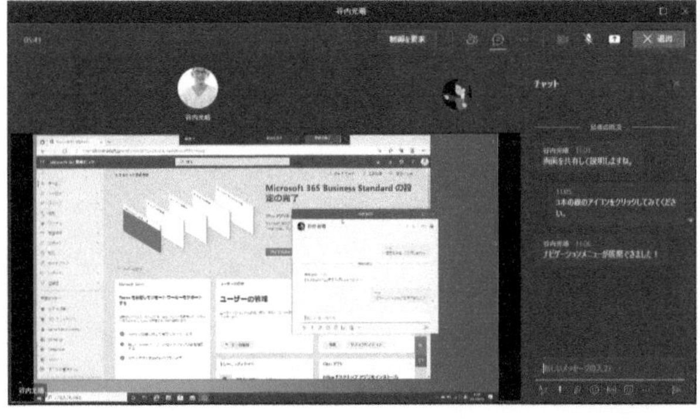

相手が画面を共有すると、Teamsの会議画面の中に相手の画面が表示される。チャットも同時にできる。

一緒に画面を見ながら操作する

画面を共有している相手に対し、画面の操作権限を渡すことができます。画面上には自分のマウスポインターに加え、相手のマウスポインターも表示されます。相手から指示を受けて自分が操作するだけでなく、相手に直接自分の画面を操作してもらうことが可能です。

こうした機能を、社内のヘルプデスクで活用している企業もあります。ヘルプデスクの担当者は、問い合わせの相手とチャットで会話し、画面を共有してもらいます。そのままチャットで指示を送ったり、場合によっては操作権限を与えてもらい、パソコン上でトラブルシュートを行ったりできます。

問い合わせた側にとっては、具体的な指示を受けることができたり、分からない操作を代わってもらえたりできます。**ヘルプデスクの操作を自分のパソコンの画面で確認できるため、安心感もあります。**

画面共有はビデオ会議で利用するイメージも強いですが、日ごろの業務でも活用できる場面があります。

画面共有をした状態で、❶［制御を渡す］→❷相手の名前を順にクリック。

❸相手のマウスポインターが画面に表示された。相手は自分の画面を直接操作できる。❹［コントロールをキャンセル］をクリックすると、相手の制御が停止する。

チャットでファイルを共有するときの注意点

OneDrive for Business

想定外の相手に共有しないよう設定する

チャットでの会話にファイルを添付しようとすると、そのファイルに対してどのような共有設定が行われるかが表示されます。IT部門などのTeams管理者の設定によって既定値は異なりますが、**全社に対して共有される設定になっていることもある**ため、注意が必要です。

この場合、例えばチャットに参加している誰かが、そのファイルへのリンクを社内の他の人と共有してしまったとき、その人にもファイルの内容を見られてしまいます。チャットのメンバーだけに共有したいなら、[現在このチャットに参加しているユーザー] に設定されているかを忘れずに確認しましょう。

ファイルの共有時に [現在このチャットに参加しているユーザー] を選択した場合、後からチャットに追加されたユーザーは、それまでに共有されたファイルを見ることができない点には注意が必要です。そのユーザーにファイルを見てもらうには、あらためてファイルを共有し直す必要があります。

チャットでのファイル共有は、その場だけでの共有の意味合いが強く、後から他のメンバーと一緒に利用するには不適といえるでしょう。そうした用途なら、ファイルを共有し直す手間がかからないチームを利用するのがおすすめです。

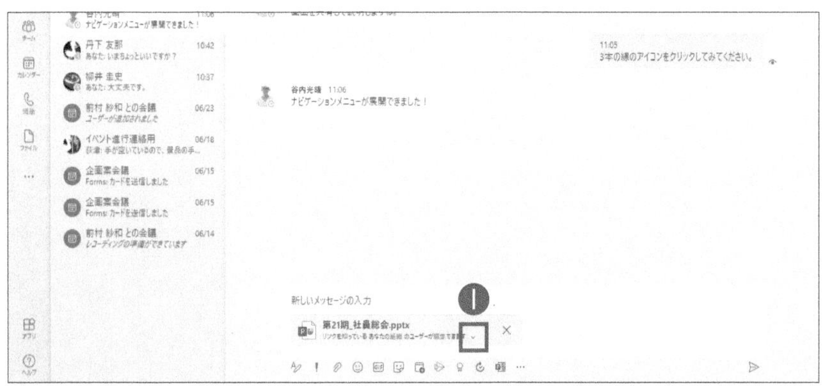

チャットにファイルを添付しようとすると、共有設定が表示されている。変更する場合は❶をクリック。

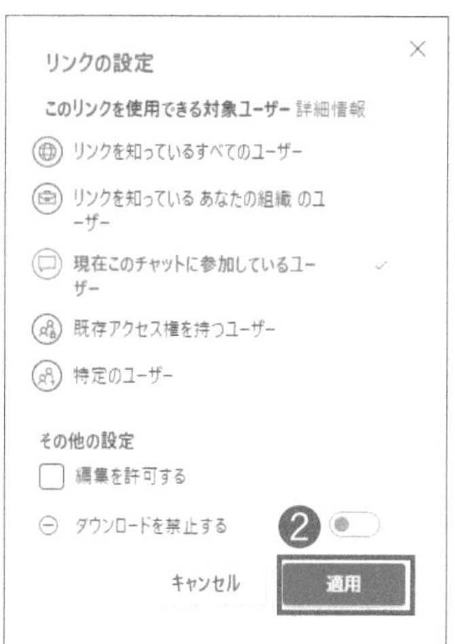

[リンクの設定]で共有する範囲を選択して❷[適用]をクリックすると、共有する範囲を変更できる。[その他の設定]から編集を許可するかの設定も可能。

ファイルを上書きすると相手にも反映される

チャットで共有したファイルはすべて、自身のOneDriveの中に自動的に作成される[Microsoft Teams チャット ファイル]フォルダーに保存されます。このファイルが共有されることで、相手もファイルが利用可能な状態になります。

すべてのファイルがこのフォルダーに保存される点には、注意が必要です。例えば、誰かとチャットで共有していたファイルと同名のファイルを、他の人にも共有しようとします。すると、画面にはファイルを新しいファイルで置換してもいいかを確認するダイアログボックスが表示されます。

ここでファイルを置換すると、先に別のユーザーと共有していたファイルの内容も、新しいファイルで上書きされてしまいます。同じ名前のファイル名で複数人に違う内容のものを共有したいときなど、気を付けないと、**意図せず他の人に情報が見えてしまう**事態につながります。

また、共有後に直接ファイルを編集したら、共有していた相手にも編集済みのファイルが表示されるため注意しましょう。さらに、フォルダーからファイルを削除すれば、相手も見ることができなくなってしまいます。

チャット相手から共有されたファイルは、相手のOneDriveに保存されています。そのため、ユーザーが退職するなどしてアカウントが削除され、その後OneDriveも削除されると、共有されていたファイルは見られなくなります。

ファイル共有の主な手段としてチャットを利用していたならば、相手が退職する前に、すべてのファイルを自身の環境に移さなければいけません。やはりチャットでのファイル共有は、一時的なその場だけでのものと考えるべきです。

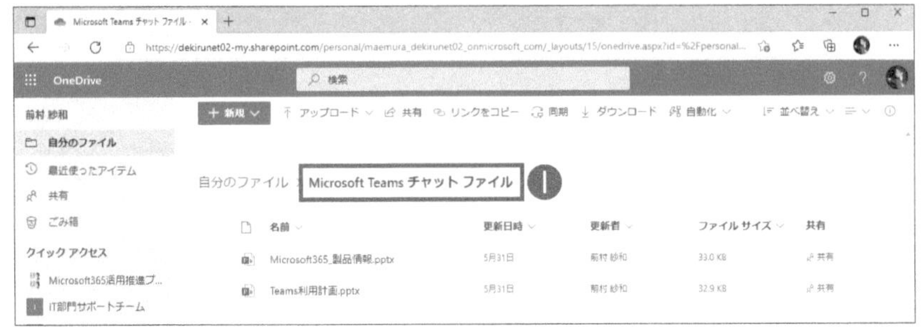

自分がチャットで共有したファイルは、すべてOneDriveの❶［Microsoft Teams チャットファイル］に保存される。それぞれのファイルは、チャットの相手に共有権限を与えた状態になっているので、同じ名前のファイルを別の人に共有したいときは注意。

ファイル共有設定の既定値を変更する

ファイルをチャットで共有する場合の共有設定は、SharePointやOneDriveの既定値の設定が反映されます。［リンクを知っているすべてのユーザー］や［リンクを知っているあなたの組織のユーザー］が既定値に設定されている場合、**ユーザーが意図せずファイルを広範囲に共有してしまう**可能性が高まります。特に［リンクを知っているすべてのユーザー］では、URLを知っているユーザーであれば、社外のユーザーを含め誰でもファイルにアクセスできてしまいます。

この既定値は、IT部門の管理者などがSharePoint管理センターから変更できます。ファイルを共有した時点でチャットに参加しているメンバーにのみアクセス権を付与する［現在このチャットに参加しているユーザー］を既定値にしておくと、ユーザーにとっても分かりやすく安全です。

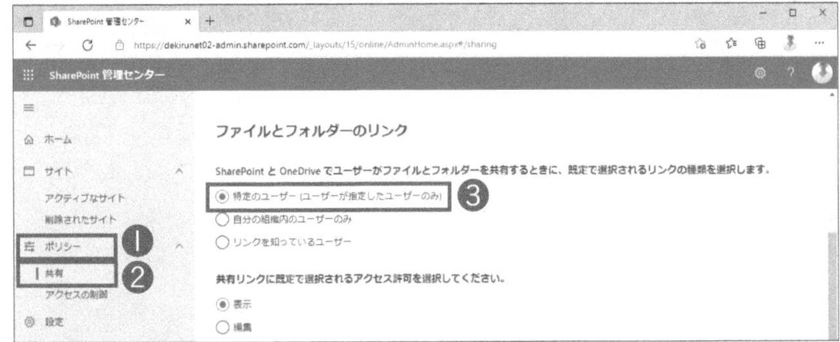

SharePoint管理センターの❶［ポリシー］→❷［共有］を順にクリックすると、共有に関する設定画面が表示される。［ファイルとフォルダーのリンク］で❸［特定のユーザー］を選択すると、Teamsのチャットでファイル共有時の既定値が［現在このチャットに参加しているユーザー］になる。

30

ゲストとして招待していない社外のユーザーとチャットする

Skype／外部アクセス／ゲストアクセス

社外のユーザーと直接やりとりできる

IT部門などの管理者の設定によっては、社外のTeamsユーザーやSkypeユーザーとのチャットが可能です。社内のチャットと同様にビデオや音声を利用した通話もできますが、ファイルの共有はできません。

この「外部アクセス」と呼ばれる方法では、社外ユーザーをチームに招待する必要がないため、より気軽にコミュニケーションを取ることができます。ただし、自身のオンライン／オフラインステータスも、チャットの相手と共有されてしまう点には注意が必要です。

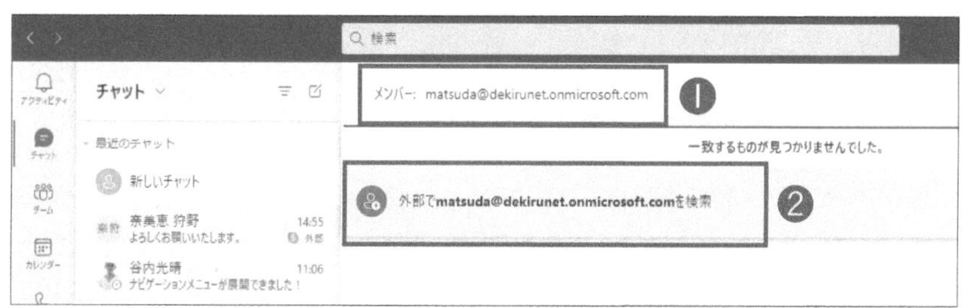

❶［新しいチャット］で社外のユーザーのメールアドレスを入力し、❷［外部で○○を検索］をクリックすると、ユーザーの候補が表示される。候補→入力ボックスを順にクリックすると、チャットを開始できる。

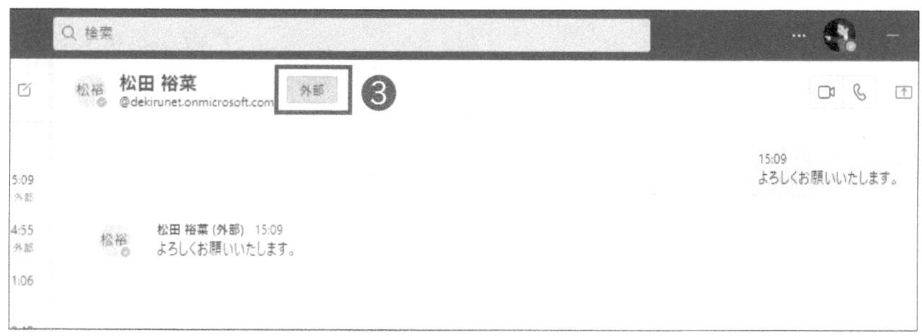

社外のユーザーとのチャットでは❸［外部］と表示されるため、社内のユーザーとは異なることが一目で分かる。

相手がSkypeを使っているときは、相手がチャットを承諾する前にメッセージを送信すると、相手はそれを受け取ることができない。

Teamsの2つの社外共有

社外のユーザーとコミュニケーションを取るための機能は、ワザ05（P.26）で解説したゲストアクセスと、前述した外部アクセスの2種類があります。これらの利用は管理者が制限可能です。管理者はそれぞれの特徴を理解し、適切にユーザーに案内しましょう。

以下の表や次ページの図は、それぞれの機能の違いを簡単にまとめています。ゲストアクセスのほうがより多くの機能を利用できるため、よく利用されています。ただし、社外のユーザーを自社のTeamsに招待したくない場合や、ファイル共有が不要でチャットのみを利用させたい場合は、外部アクセスの利用が検討できます。

ゲストアクセスと外部アクセスで利用できる機能

アクセスの種類	ゲストアクセス	外部アクセス
社外ユーザーの種類	● Office365アカウント ● Microsoftアカウント	● Microsoft Teamsユーザー ● Skypeユーザー
1対1のチャット	できる	できる
グループチャット	できる	できる
ビデオや音声通話	できる	できる
ファイルの共有	できる	できない
チームへの招待	できる	できない

コミュニケーションが行われる場所の違い

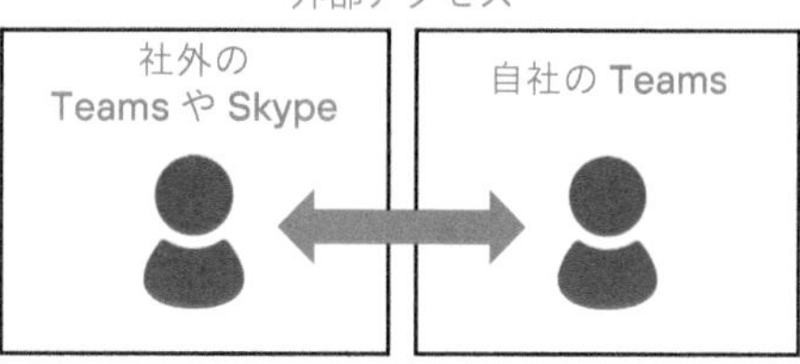

筆者の経験では、ゲストアクセスを利用している場合がほとんどです。外部アクセスを積極的に利用している企業を見ることは、滅多にありません。中には、Skypeユーザーの外部アクセスを無効化したり、外部アクセス自体を無効化したりする企業も多いです。

特に、セキュリティ面を考慮すると、ゲストアクセスに軍配が上がります。自社のTeamsにゲストアクセスで社外のユーザーを招待することで、そこでの会話や共有されたファイルを自社のポリシーで管理できるようになるためです。

自社のポリシーによるセキュリティや、運用面などが気になる管理者は、Teams管理センターから設定を確認してみるといいでしょう。設定はTeams管理センターの［ゲストアクセス］［外部アクセス］のそれぞれから確認できます。

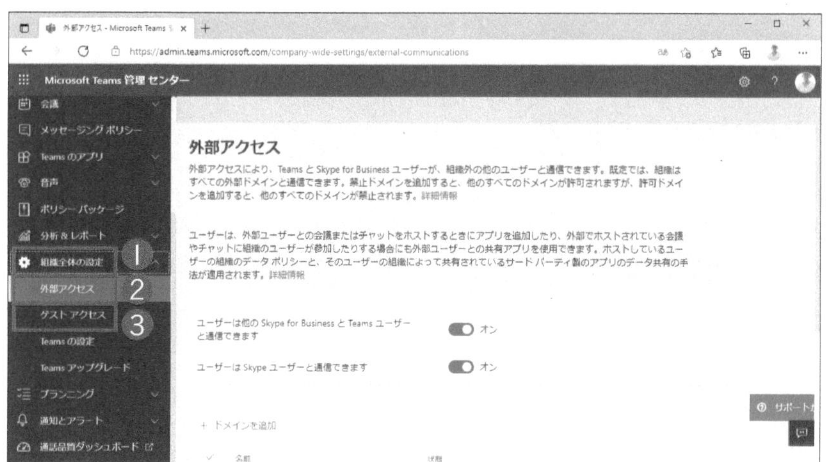

❶［組織全体の設定］→❷［外部アクセス］を順にクリックすると、外部アクセスの設定画面を表示できる。❸［ゲストアクセス］をクリックすれば、ゲストアクセスの設定が可能。ゲストアクセスと外部アクセスは、それぞれ個別に有効化または無効化できる。既定では、どちらも有効化された状態になっている。

固定表示やミュートでチャットを整理する

並べ替え／固定／非表示／ミュート／退出

チャットを固定表示する

チャットの数が多いと、一覧から目的のチャットを探すのが大変です。よく連絡を取るチャットがあるのなら、そのチャット履歴を固定表示しておくといいでしょう。固定表示されたチャット履歴は一覧の上部に［固定］としてまとめて表示されるため、そこからスムーズに連絡が可能です。

チャット履歴の固定表示は15件までです。制限を超えないよう、使わなくなったチャットの固定表示は適宜解除する必要があります。

［固定］欄は、ドラッグ&ドロップで並べ替えられます。特によく利用するチャット履歴を上部に移動しておけば、より見つけやすいです。普段から並べ替えておくと、あまり利用していないチャットが一覧の下に移動します。下部の履歴は、定期的に固定表示を解除してもいいでしょう。

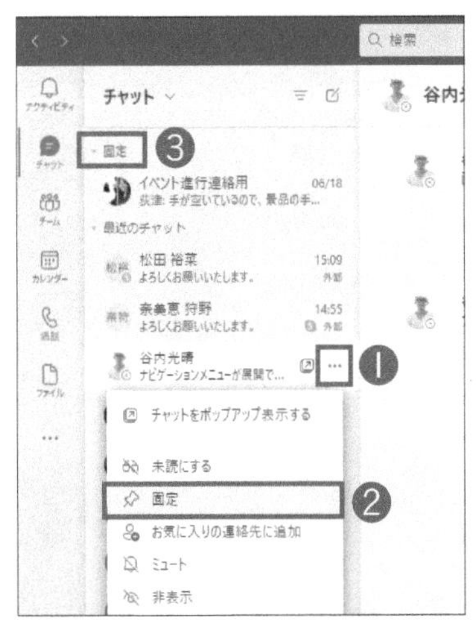

チャットの履歴を右クリック、もしくは❶［その他のオプション］をクリックして❷［固定］をクリックすると、チャット履歴の上部にある❸［固定］に追加される。［固定］にある履歴を右クリックして［固定表示を解除］をクリックすると、固定が解除される。

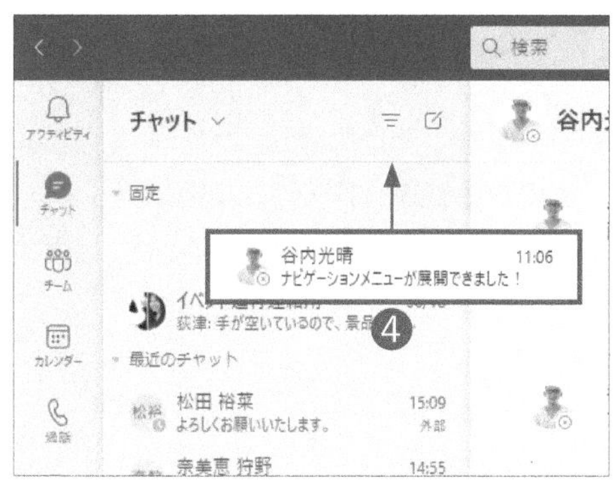

［固定］欄のチャットは、❹ドラッグ&ドロップで並べ替えることができる。

使わないチャットを非表示にする

チャット履歴を非表示にすると、一覧から削除できます。今後参照する可能性が低いチャットなどを非表示にしておくと、一覧が整理され、目的のチャット履歴が探しやすくなります。

チャット履歴を非表示にしても、実際の履歴データは削除されずに残ります。例えば、非表示にした相手からメッセージが送られてきたり、新しいチャットから非表示にした相手にメッセージを送ろうとしたりすると、過去の履歴も表示されます。グループチャットの場合も、新しいチャットで以前のチャットに参加していたユーザーをすべて追加すれば、履歴を同様に表示できます。

もしも間違えて必要なチャット履歴を非表示にしてしまった場合は、P.103を参考に新しいチャットからその相手を呼び出してメッセージの入力ボックスをクリックすると、チャットの履歴に追加されます。履歴を右クリックして表示されるメニューから［再表示］をクリックすると、元に戻すことが可能です。

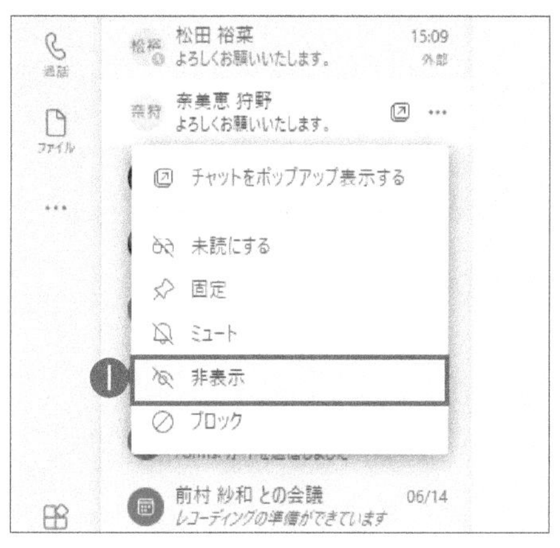

履歴を右クリックし❶［非表示］をクリックすると、履歴が一覧から削除される。

関わりがないチャットはミュート／退出する

既定の状態だと、参加しているチャットのすべての投稿に対して通知が届きます。特に**グループチャットでは、他の人同士のやりとりでも通知が届く**ことになります。会話が進み、自分にはもはや関係のない話題になってしまうと、煩わしいだけでなく、自分の作業の邪魔にもなります。

自分にあまり関係のない話題が続くときは、チャットをミュートしておくと、通知を受け取りません。ミュートしていても、会話の中でメンションがあった場合には通知が届くので、本当に重要な連絡には気付けます。

参加しているユーザーが多いチャットで連絡するときは、相手がミュートしている場合があることを考慮し、投稿時にメンションを活用しましょう。

また、チャットの利用が進むと、参加している数だけでなく、会話を追ったり通知を受けたりする頻度も多くなります。そこに関係のない内容のものが多く含まれていると、消費する時間も増えてしまいます。

関わりのなくなったグループチャットは、思い切って退出しましょう。必要のない情報を確認する時間が減るので、業務効率化もつながります。

退出したチャットの会話履歴は読むことができますが、退出後に投稿されたメッセージは閲覧不可能です。また、自身が退出したチャットには、新たにメッセージを投稿することもできません。ただし、一度チャットを退出しても、同じチャットに招待された場合は再び会話に参加できます。

Teamsを、自分にとって必要な情報を受け取るツールとして利用するためにも、不要なチャットは適切に管理していきましょう。反対に、進行中の話題にあまり関係のないメンバーがチャットにいるときは退出をすすめるなど、互いに協力しながら利用していくといいでしょう。

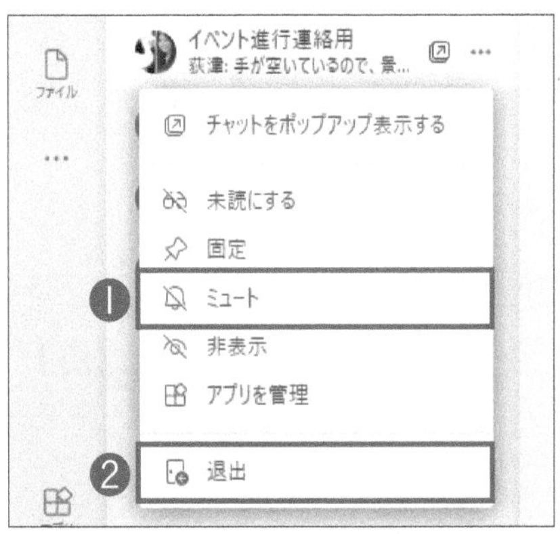

チャットを右クリックすると表示されるメニューから、❶［ミュート］で通知を受け取らないようにしたり、❷［退出］でチャットから退出したりできる。

チームを表示しながらチャットを継続する

ポップアップ表示

いちいち画面を切り替えずに済む

チャットはTeamsのメインウィンドウから、小さな別のウィンドウに独立して表示できます。これがポップアップ表示です。

チームで何かしらの資料を見たり、会話したりしているときに、チャットが割り込みで入ってくることは多いものです。そのうえ、比較的短い間隔で会話のキャッチボールが行われがちなので、そのたびにチームとチャットを行き来せねばならず、非効率です。ポップアップ表示でチャットを独立させれば、**チームの画面を表示しつつ、チャットを継続できます。**

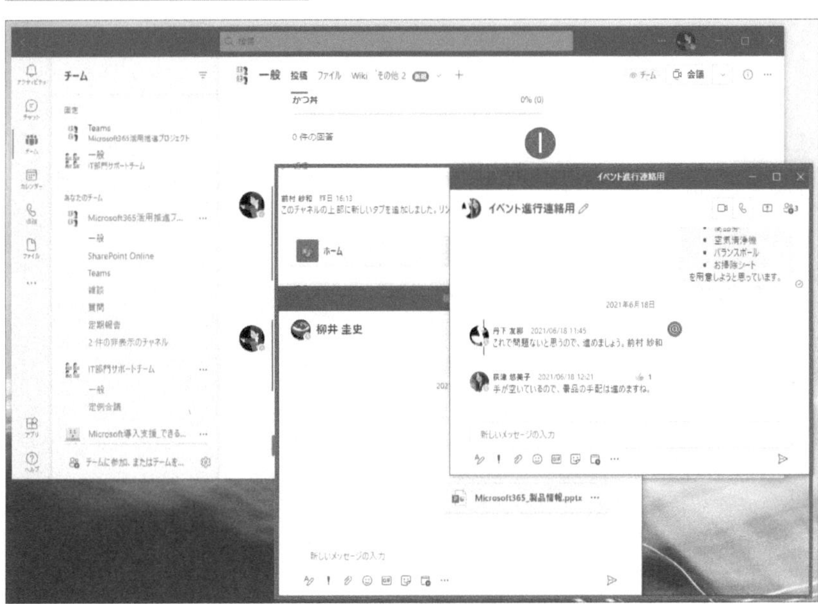

P.116を参考に、チャットの一覧を右クリックして［チャットをポップアップ表示する］をクリックすると、❶チャットが独立したウィンドウで表示される。同時に複数のウィンドウを開くことが可能。

よく連絡を取る相手は「お気に入りの連絡先」に追加する

お気に入りの連絡先／連絡先グループ／通話

チャットを連絡先グループで整理する

チャットの一覧を［連絡先］表示にして管理する方法もあります。頻繁に連絡を取りたい相手が決まっている場合は、その相手を［お気に入りの連絡先に追加］しておくと、表示を［連絡先］に切り替えたときに、常に上部に表示されるようになります。

連絡先では「連絡先グループ」を作成して管理することも可能です。相手の部署名などでグループを作成し、自分なりに整理しておくと使いやすいでしょう。

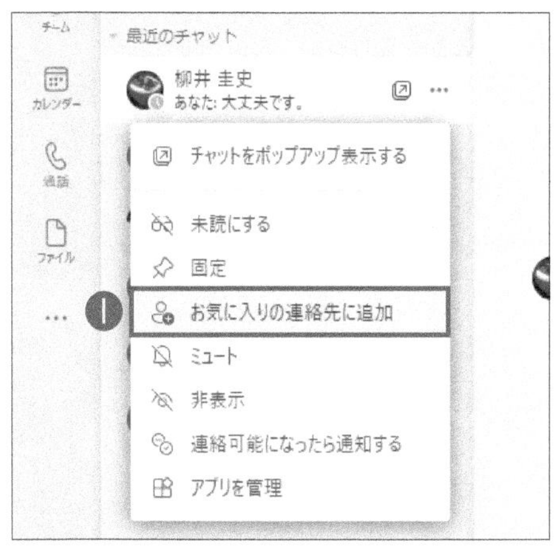

チャットの一覧を右クリックして❶［お気に入りの連絡先に追加］をクリック。

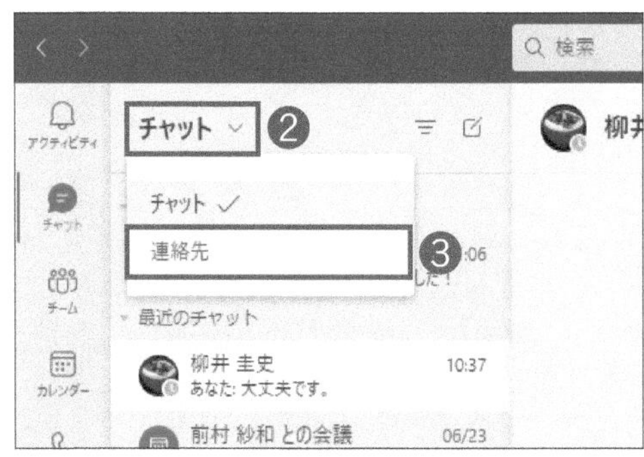

❷［チャット］→❸［連絡先］を順にクリック。

表示が切り替わり、❹[お気に入り]が上部に表示された。お気に入りの連絡先に追加したものが表示される。連絡先をクリックすれば、チャットを再開できる。❺[新しい連絡先グループを作成]から❻連絡先グループを自由に作成することも可能。メンバーを追加するには、追加したいグループの❼[その他のオプション]→[このグループに連絡先を追加する]を順にクリックして操作する。

連絡したい相手の在席状態をまとめて確認する

チャットで連絡先グループを作成して追加した連絡先は、[通話]機能の[電話]タブとも連携しています。ここでも連絡先グループごとに、登録している相手の在席状態を一覧で確認でき、そこからワンクリックでビデオや音声の通話ができます。また、[連絡先]タブでは、チャットでお気に入りに追加したユーザーも含めて一覧で確認したり検索したりすることができます。

例えば、頻繁に連絡を取りたい部署が決まっているなら、その**部署のユーザーを連絡先グループでまとめて登録しておくことで、チャットでも通話でも連絡可能なユーザーをひと目で確認**できます。

このように、チャットや通話のどちらでもあっても連絡先は便利に利用できます。これまでSkype for Businessを利用していたユーザーであれば、連絡先を利用した管理のほうがなじみやすいかもしれません。

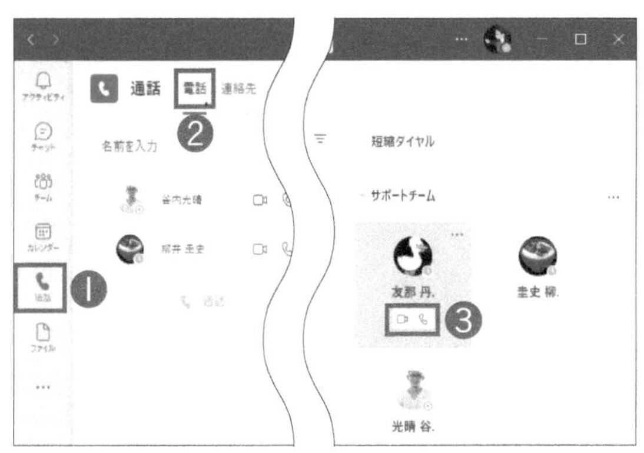

❶[通話]→❷[電話]を順にクリックすると、連絡先グループごとに、連絡先が在席状況ともに表示されているのが分かる。❸をクリックすると、ビデオ通話や音声通話がすぐに開始できる。

連絡に反応できないときは ステータスメッセージを入れる

ステータスメッセージ／在席状態の表示

ステータスメッセージで状況を伝える

テレワーク中など、Teamsで連絡したい相手の状況が分からない場面は多くあります。これが原因で、すぐに確認や返信ができない相手に連絡してしまったり、手が離せない状態で連絡を受けてしまったりする事態が起こります。ステータスメッセージを設定しておけば、自身の状況を自動的に相手に伝え、どのようにコミュニケーションを取るべきかの判断に役立たせることが可能です。

ステータスメッセージには、任意のメッセージを指定します。相手がプロフィールを表示したり、チャットやメンション付きのメッセージを送ろうとするなど、自分に対して何かしらのアクションを取ろうとしたときに表示されます。

メッセージには、今の状況や何時ごろ戻るかなどを書いておくといいでしょう。さらに、他のユーザーをメンションとして含めておくと、代わりに連絡してほしいユーザーも同時に説明できて便利です。表示されたメッセージ中のメンションをクリックすれば、そのユーザーのチャットが表示され、すぐに連絡を取れます。

それに加え、ステータスメッセージの解除を忘れないように、設定時に有効期間を選んでおくのがおすすめです。

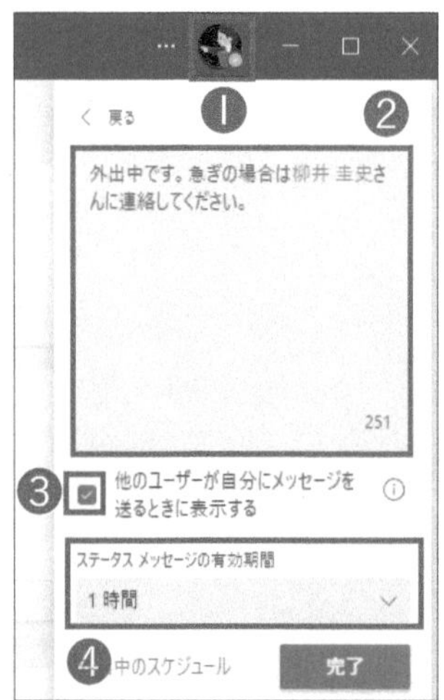

❶ヘッダーのアイコン→［ステータスメッセージ］を順にクリックすると、❷入力画面が表示される。❸チェックを付けると、他のユーザーが自分に連絡を取ろうとしたときに、メッセージが表示される。❹［ステータスメッセージの有効期間］を設定しておくと、自動的にステータスメッセージを解除できる。

ステータスメッセージが設定されている相手のプロフィールを表示したり、メッセージを送信したりしようとすると、プロフィールや入力ボックスに❺ステータスメッセージが表示される。

ステータスメッセージで「No Hello」を促す

みなさんの中には、チャットで「お疲れさまです」と、一言だけのメッセージを受けたり送ったりしたことがある人もいるかもしれません。特に1対1のチャットでは、このようなメッセージがよく見られます。

チャットのような非同期のコミュニケーションでは、挨拶だけを送って相手からの返信を待つ方法は非効率だと考えられています。これは海外でも話題になっている、「No Hello」と呼ばれるビジネスチャットの考え方です。

一言目に「お疲れさまです」と送るにしても、続いてすぐに本来の用件を送っておけば、相手の返信を待つことなく話を進められます。また、相手も都合のいいときにメッセージで用件を確認して返信できるので、互いに相手を待つ時間がなくなり、効率的です。

とはいえ、いきなり用件を送りつけることに気が引けるユーザーもいます。非同期のコミュニケーションを促すには、別の作業中などで自分がすぐに返信できないときに、ステータスメッセージに「作業中です。挨拶不要で直接用件を送ってください。後で確認します。」のように設定しておくと、相手も気兼ねなくチャットで用件のみを送ることができます。

こうしたコミュニケーションに対する考え方は、人によってさまざまです。自分がどういったコミュニケーションを望むのかを事前に伝えておくことも、業務を効率化する1つの手法といえます。

速やかに用件を送ってもらうよう、ステータスメッセージを設定しておく。

Outlookの予定が状態表示に反映される

Teamsの利用状況やカレンダーに入力された予定に応じて、状態表示が自動的に切り替わります。例えば、Outlookに予定が登録されていない時間にTeamsにサインインしていると、「連絡可能」を示す緑のアイコンが表示されます。何らかの予定がある場合には、取り込み中を示す赤いアイコンが表示されます。**特別な設定をしなくても、予定に応じて自動的に自分の状況を相手に共有可能**です。

この機能を有効活用するには、Outlookにしっかりと予定を登録しておく必要があります。特にテレワーク中のTeamsの利用において、自分の状況を他のユーザーと共有することは重要です。必ず自身の予定を登録し、管理しておきましょう。

状態表示は手動で変更することもできます。カレンダー上の予定はなくても、集中して他の作業をしたいときなどに「オフライン表示」や「応答不可」などに切り替えておけば、すぐに連絡を返せない罪悪感を減らせます。ステータスメッセージと同様に、状態の解除を忘れないよう期間を設定しておくことをおすすめします。

また、状態表示によって、相手が通話中であったり会議中であったりすることも分かります。電話での連絡を控えたり、急かすようなメッセージを送ったりしないなど、相手を思いやったコミュニケーションを心がけましょう。

❶アイコン→❷状態を順にクリックすると、状態表示を手動で変更できる。元に戻すのを忘れないよう、❸［期間］を設定しておくのがおすすめ。

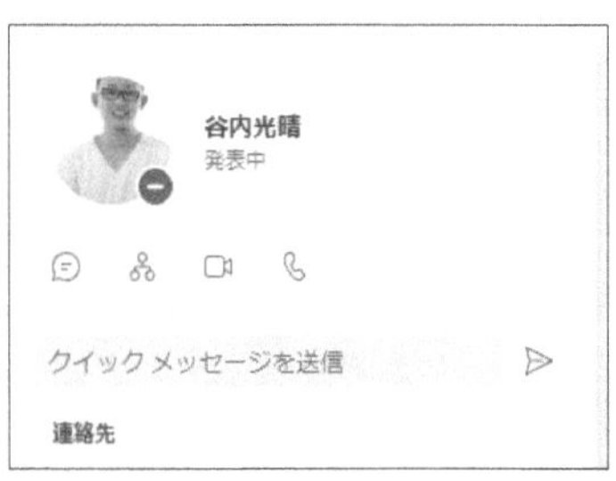

相手が会議中に画面共有をしているときは、［発表中］と表示される。

第3章

ビデオ会議の円滑化

会議の情報が共有しやすくなる操作や、
会議をスムーズに進行するための設定などを
紹介しています。

会議はチャネルで行い情報を集約する

スケジュールされた会議／チャネル会議／今すぐ会議／通話

Teamsのビデオ会議はいくつか種類がある

業務のなかでも、意思決定を行ったり、課題を共有して解決策を話し合ったりする会議の役割は重要です。最近では、テレワークが増えた影響で会議のほとんどがリモートでのビデオ会議だという場合も少なくありません。ビデオ会議をするために、Teamsを使い始めたという企業も多くあります。

Teamsのビデオ会議には、**チームのチャネルからはじめる会議、カレンダーからはじめる会議、グループチャットからはじめる通話の3種類**があります。さらに、チャネルの会議とカレンダーの会議には、2通りの開始方法があります。以下の表は、それぞれのビデオ会議による違いをまとめたものです。

会議の種類による各機能の違い

開始方法	チームのチャネル		カレンダー		グループチャット
	スケジュール会議	今すぐ会議	スケジュール会議	今すぐ会議	ビデオ／音声通話
作成するアプリ	Teams		Teams／Outlook		Teams
カレンダーへの登録	あり	なし	あり	なし	なし
参加人数	最大1,000名				最大20名
チャットの保存先	チャネル		チャット		チャット
ファイルの保存先	チャネルのファイルタブ／SharePoint Online		OneDrive for Business		OneDrive for Business
ゲストユーザー	参加できる		参加できる		参加できる
匿名ユーザー	参加できる		参加できる		参加できない
チームメンバー以外	参加できる（チャットは利用できない）		参加できる		参加できる

利用状況を見ていると、Teamsを使い始めたばかりのユーザーは、元々Outlookを利用して予定を作成することが多いため、カレンダーからはじめる会議を多く使っています。しかし、Teamsの利点を生かし、普段の会話やファイルに加えて会議の情報もチームで共有するには、チームのチャネルからはじめる会議

の利用が適しています。実際、**Teamsに慣れたユーザーほど、チームのチャネルからはじめる会議を利用している場合が多い**です。

ここからは、それぞれの特徴を詳しく説明していきます。

チームのチャネルからはじめる会議

チームに情報を集約してメンバーで共有できるという、Teamsの特徴を生かせるのがチャネルからはじめる会議です。[会議をスケジュール] と [今すぐ会議] のどちらの方法を使った場合でも、会議の情報はチャネルに自動的に投稿され、メンバーと共有できます。

会議中のチャットの内容もすべてチャネルに集約されるため、チームのメンバーなら誰でも閲覧できます。もちろん、そのチャットに添付されたファイルも、メンバーと共有されます。

チームでチャネル会議をよく利用する場合、会議用のチャネルを作成しておくのも便利です。過去の会議の情報を1カ所に集約できるのと同時に、チーム内でどのような会議が行われているかを容易に把握できます。他にも、チームのメンバーは誰でもチャネル会議に参加できるので、気になる内容の会議があれば参加してみてもいいでしょう。

社内で働いているときも、オープンな会議スペースで行われていた気になる会議に、ふらっと顔を出してみたことがあるかもしれません。そこで何か新しい情報を得たり、自身の意見やアドバイスを提供したりすることで、業務に役立つコミュニケーションが生まれることもありました。Teamsでも、チーム内でいつどのような会議が行われているかがオープンになることで、同じ効果も期待できます。

なお、チームのメンバーでないユーザーや、社外のユーザーをチャネル会議に含めることも可能です。その場合、会議中にチャットを利用できるのは、チームのメンバーのみであることに注意しましょう。社外のユーザーはチームにゲストとしてメンバー追加されていれば、チャットも利用できます。

[会議をスケジュール]で会議を作成する

事前に予定が決まっている会議は、[会議をスケジュール]を使って作成しましょう。自身が作成したり出席者に指定されたりした会議は、Teamsのカレンダーにも表示されます。

カレンダーの予定表を見ると、チャネルからはじめた会議であることを示すアイコンが表示され、どのチャネルに紐づけられている会議かを確認できます。会議の時間が近くなると [参加] ボタンが表示され、すぐに会議に参加可能です。

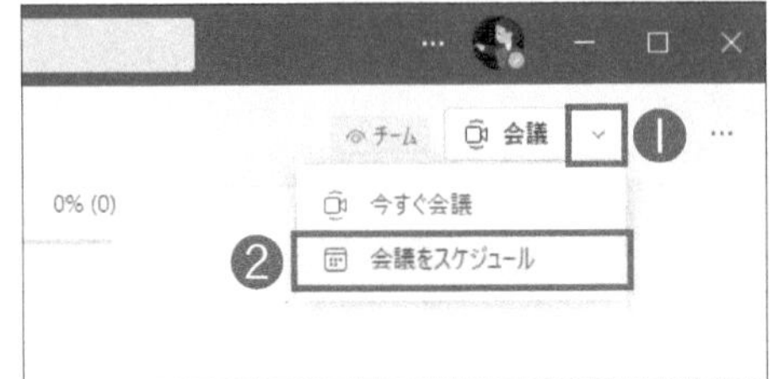

会議を作成したいチャネルの❶［その他のオプション］→❷［会議をスケジュール］を順にクリックすると、［新しい会議］画面が表示され、会議の件名や日時、出席者などの情報を入力できる。入力が完了したら［送信］をクリック。

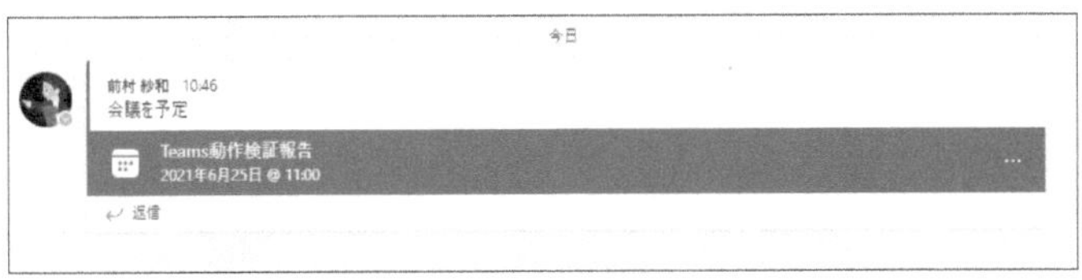

チャネルに会議の予定が投稿された。

❸カレンダーに予定が追加された。会議の開始時刻が近づくと、❹［参加］ボタンが表示され、そこから会議に参加できる。

［今すぐ会議］で会議を作成する

一方の［今すぐ会議］は、チャネルの［会議］をクリックして参加するだけで、すぐに会議がはじまります。はじまった会議の情報はチャネルに自動的にメッセージとして投稿されるので、それを見たチームのメンバーは、メッセージからすぐに参加可能です。今すぐ会議は、カレンダーには表示されません。

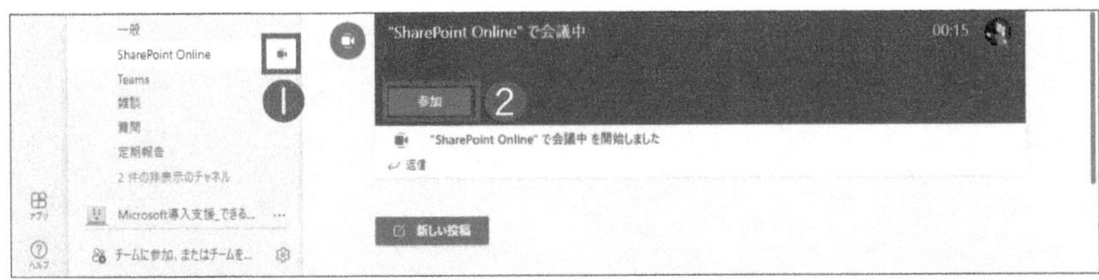

［今すぐ会議］を開始すると、会議の情報がチャネルに自動投稿され、チャネルの一覧に会議中であることを示す❶アイコンが表示される。メンバーはメッセージの❷［参加］から、会議に参加可能。

会議でチャットを利用する

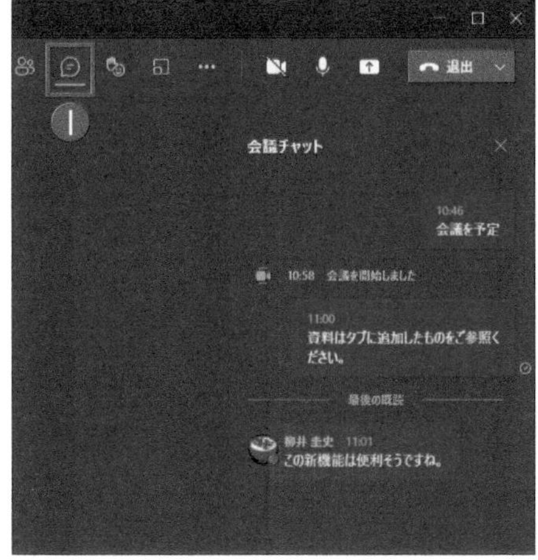

会議に参加した状態で❶［会話の表示］をクリックすると、［会議チャット］が表示される。チームのメンバーでなくても会議には参加できるが、チャットは利用できない。

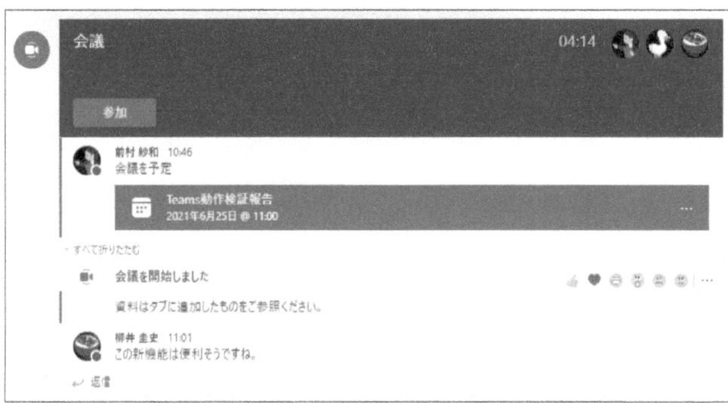

会議中のチャットはチャネルの［投稿］でチームのメンバーと共有される。会議に参加していないメンバーも、あとから会議の情報を確認できる。

カレンダーからはじめる会議

カレンダーからはじめる会議は、**参加者全員が会議中にチャットを利用できます。**社外のユーザーが参加している場合も同様です。チームのメンバーと共有する必要のない会議や、チームのメンバー以外も参加し、会議中にチャットを利用したい場合には、この方法を使いましょう。

Outlookのカレンダーでも、Teamsのビデオ会議の予定を作成できます。このとき、メールの送信形式がテキスト形式になっていると、会議出席依頼のメールに含まれている会議参加リンクが動作しません。送信形式が「HTML形式」になっていることを確認しましょう。

[新しい会議]で会議を作成する

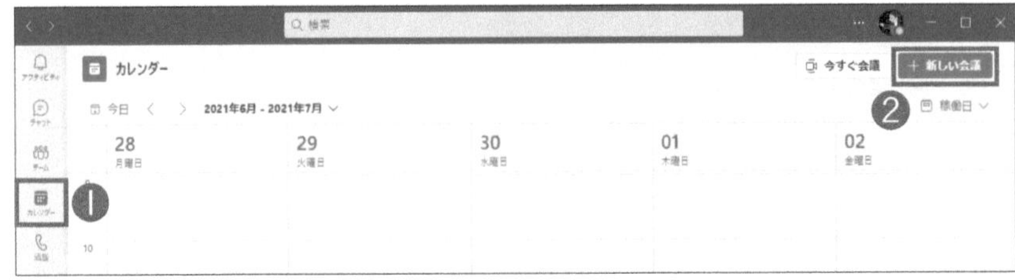

❶[カレンダー]→❷[新しい会議]を順にクリック。

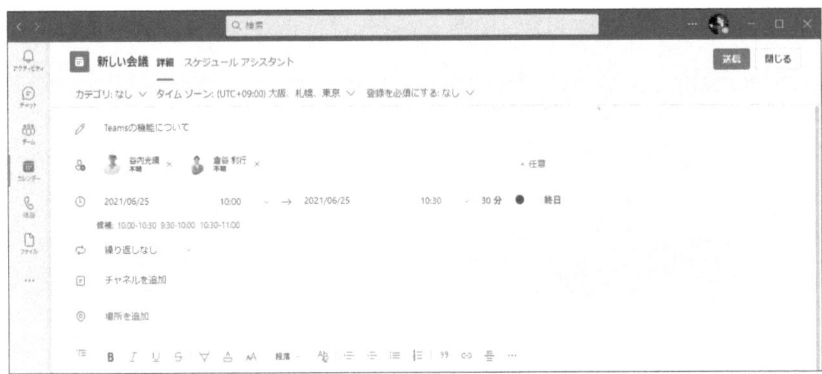

[新しい会議]が表示された。会議の情報を入力できる。出席者に指定された人のカレンダーには、予定が登録される。チャネルの会議と同様に、会議の時間が近くなると予定に[参加]ボタンが表示され、クリックするとすぐに会議に参加できる。

[今すぐ会議]で会議を作成する

カレンダーで[今すぐ会議]を作成すると、すぐに会議がはじまります。ユーザーを会議に招待するのは、会議開始後です。ここで、他の参加者を招待しなければ、自分ひとりが参加した状態のビデオ会議になるので、あえて誰も招待しないまま、プレゼンに向けた操作の練習などに使うことも可能です。

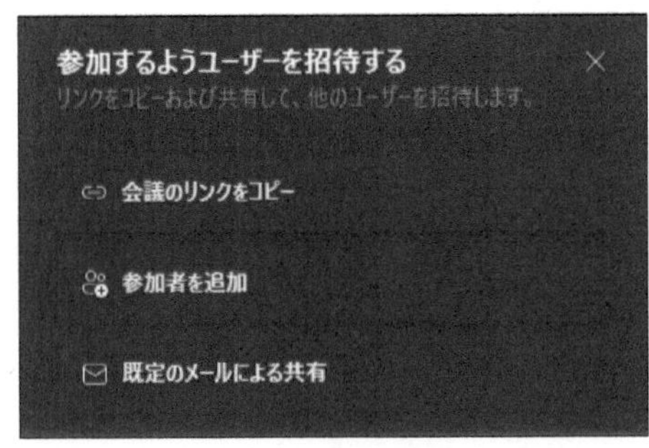

カレンダーの[今すぐ会議]から会議に参加すると、他のユーザーを招待する方法が表示される。

会議でチャットを利用する

カレンダーからはじめた会議のチャットは、[チャット]の会話履歴に保存されます。ファイルが添付された場合は、投稿したユーザーのOneDriveに保存され、会議の参加者と共有されます。

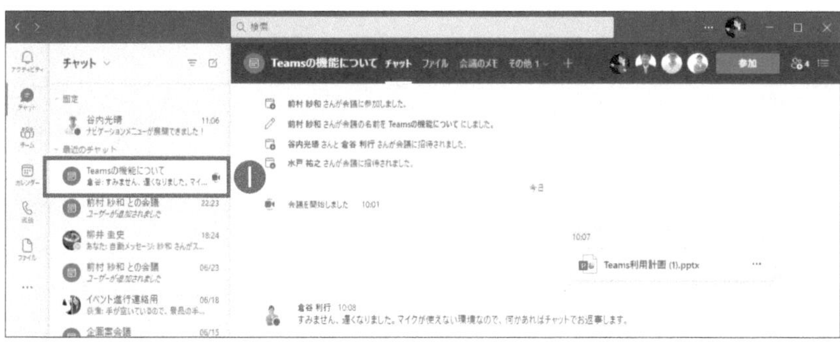

カレンダーからはじめる会議のチャットは、❶[チャット]の会話履歴に保存される。

予定の❷[参加者とチャットする]からチャットを開くこともできる。

グループチャットからはじめる通話

グループチャットの通話で利用できる機能は、これまでに紹介した他の会議機能と大きく違いはありません。通話中に新たに参加者が招待された場合は同時にグループチャットのメンバーとしても追加され、通話終了後もチャットでコミュニケーションを継続できます。

他の会議と異なる点は、参加可能な人数が20人までと少ないことです。また、あくまで「通話機能」であるため、**参加者による応答がないと開始できません**。先に会議に入室しておき、他の参加者を待つのは不可能です。

他の会議機能がTeams上に会議室を作成するイメージなのに比べて、グループチャットからの通話は、その場ですぐにつながる立ち話のようなイメージです。機能が似ているため迷うこともありますが、一般的に会議であれば、チャネルやカレンダーからはじめる会議機能を利用すべきでしょう。

チャットのメンバーで会議の予定を作成する

グループチャットのメンバーで「会議」を行うには、メッセージの入力ボックスにある［会議をスケジュール］をクリックし、カレンダーからはじめる会議予定を作成します。チャットのメンバーが出席者にあらかじめ設定されているため、簡単に作成可能です。

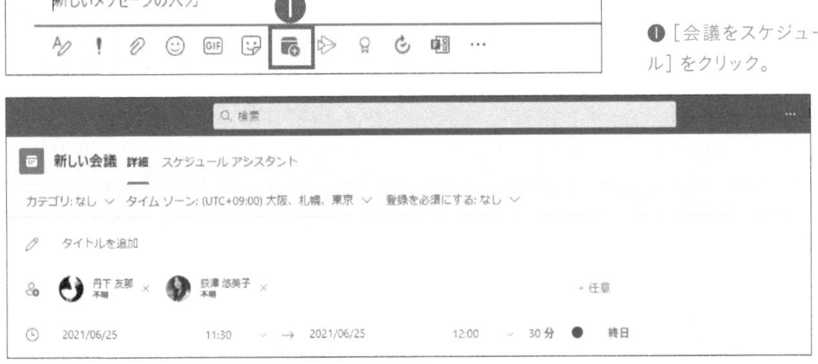

❶［会議をスケジュール］をクリック。

［新しい会議］が表示された。出席者にグループチャットのメンバーが設定されている。なお、ここで予定された会議のチャットは、元のグループチャットとは別のチャットとして作成される。

事前に参加者を把握できるようにする

日時をスケジュールする会議は、出席者に指定された相手に会議出席依頼がメールで届くだけでなく、Teamsのカレンダーや Outlookの予定表に自動的に会議予定が登録されます。届いた会議出席依頼からは会議への参加可否を回答できるようになっており、回答すると会議の開催者に自動的に返信されます。会議の開催者が事前に参加者を把握できるよう、**会議出席依頼には必ず回答**しましょう。

Outlookを使うと、メールの要領で会議出席依頼を他のユーザーに転送できます。これによって、開催者でなくても会議に必要な他のユーザーを招待可能です。転送によって招待されたユーザーは、任意の出席者として会議予定に反映されるため、会議の開催者も誰が新たに招待されたのかを把握できます。

転送された会議出席依頼でも、会議の開催者に参加可否を返信できます。なお、会議の出席者を開催者のみで管理したい場合は、Outlookの会議予定の[返信のオプション]から会議出席依頼の転送を禁止しておきましょう。

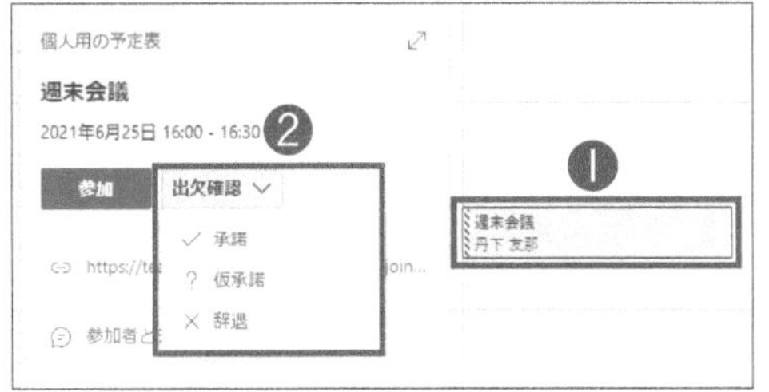

カレンダーの❶予定をクリックすると、❷[出欠確認]から会議に参加するかを回答できる。

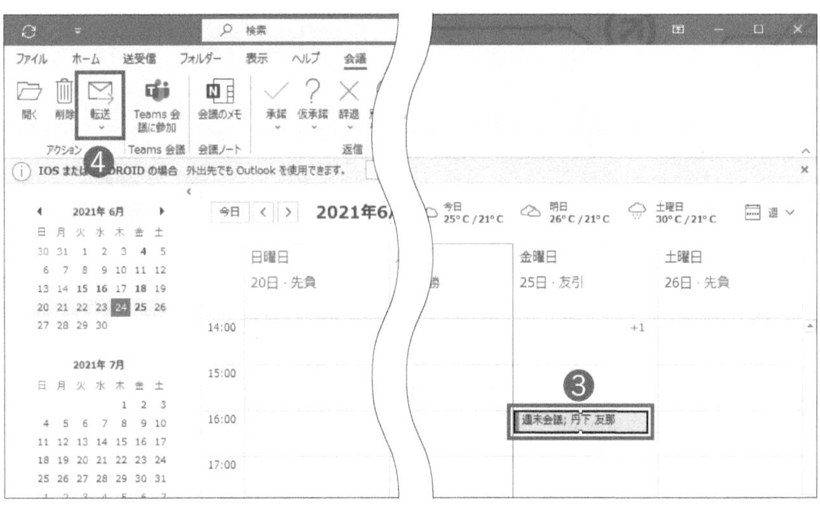

Outlookの予定表で❸予定→❹[転送]を順にクリックすると、メールの作成画面が表示され、開催者でなくても会議の予定を転送できる。

開催者以外が招待したユーザーは、❺[任意]と表示される。転送で招待されたユーザーも、参加の可否を開催者に送信可能。

社外のユーザーを会議に招待する

スケジュールされた会議／Teams管理センター

Teamsユーザーでなくても招待可能

社内だけでなく、社外のユーザーとビデオ会議を開催する機会も多くあります。Teamsのビデオ会議は、相手が社内外どちらのユーザーであっても、ほとんど同じ操作で招待できます。

社外のユーザーを会議に招待するには、P.128を参考に［新しい会議］で出席者に相手のメールアドレスを入力し、候補から選択します。会議の名前や日時を指定し、予定を［送信］することで、相手に会議出席依頼メールが送られます。

相手がTeamsを利用している場合、メールに記載されたリンクをクリックすると、アプリが起動して会議に参加できます。**相手がTeamsを利用していない場合や、ライセンスを持っていない場合は、Webブラウザーから会議に参加可能**です。その場合、会議への参加前に名前の入力が求められます。この名前は他の参加者にも表示されるため、分かりやすい名前を入力してもらいましょう。

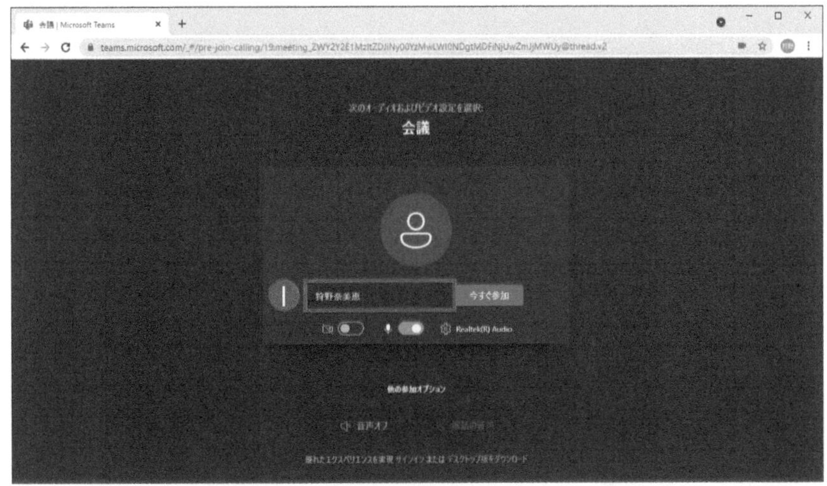

出席者がTeamsを利用していなくても、ブラウザーから会議に参加できる。入室前に、会議中に表示される❶ユーザー名の入力を求められる。

Googleカレンダーにも予定を登録できる

社外のOutlookユーザーにTeamsの会議出席依頼を送信すると、相手の予定に自動で登録されます。相手がGoogle Workspaceを利用しているならば、会議出席依頼はGoogleカレンダーに自動で登録されます。そこから、会議への参加可否を返信してもらうことも可能です。

近ごろは、ビデオ会議が一般的になってきたことや、予定表に自動登録される利便性もあり、社内だけでなく、**社外のユーザーであってもこうして会議出席依頼を送りあうことが増えています**。

Gmailで Teams 会議の予定を受信すると、Googleカレンダーに予定が自動で追加される。❶参加可否の回答も可能。

匿名ユーザーの会議参加を許可してもらう

Teamsを利用しておらず、ライセンスも持たないユーザーが会議に参加する場合、そのユーザーは匿名ユーザーとして扱われます。セキュリティなどの理由から、IT部門などの管理者が、Teams管理センターで匿名ユーザーの会議参加を無効化している場合があります。

社外のユーザーを会議に招待できなかったり、招待したユーザーが会議に参加できなかったりした場合は、管理者に［会議設定］を確認してもらいましょう。Teamsを会議ツールとして、社外の取引先やパートナーも含めて利用するのであれば、この設定の有効化が必要です。

会議の情報はチャットに集約する

会議のチャット

会議前後のやりとりにもチャットを使える

会議のチャットは、会議中の質問や情報の共有などに便利です。例えば、参考情報としてWebサイトの情報を共有したいとき、チャットでWebサイトのURLを共有すれば、参加者がその場で簡単にアクセスできます。

このチャットは、会議中でなくても利用可能です。事前連絡や資料の共有、会議後の継続したディスカッションなどもできます。会議時間の前後も含めて、**会議に関する情報を1か所に集約できる**ことが、チャットの大きな利点です。

事前に投稿するときはメンションが必須

カレンダーからはじめる会議は、既定の設定では会議に参加するまでチャットの通知がミュートになっています。そのため、**せっかく会議前に資料を投稿しても、出席者に気付かれない**可能性があります。

会議前にチャットを使うときは、必ずメンションを利用しましょう。出席者がまだチャットや会議に参加していなくても、確実に投稿を知らせることができます。

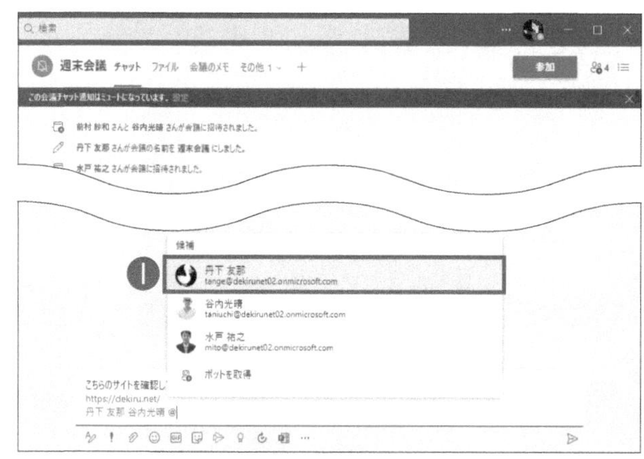

会議前にチャットに投稿するときは、必ず❶メンションを付ける。

会議のチャットをミュートにする

一度会議に参加すると、その会議のチャットに投稿されたメッセージに関する通知が届くようになります。会議後にチャットでのディスカッションが継続している場合、何も設定しないとそれらの投稿に対して通知が届くこともあります。会議後のチャットの通知が不要なら、**会議単位でミュートに設定**しましょう。

このとき、チームのチャネルからはじめる会議であれば、会議のスレッドごと通知をオフにできます。また、カレンダーからはじめる会議であれば、会議のチャットをミュートにすれば完了です。

チャネル会議の場合、スレッドの❶［その他のオプション］→❷［通知をオフにする］を順にクリックすれば、通知を受け取らない。

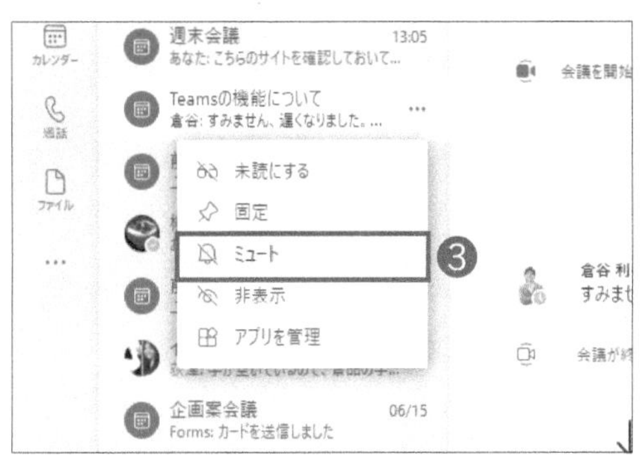

チャットの一覧から会議のチャットを右クリックして❸［ミュート］をクリックすると、通知を受け取らなくなる。

会議のオプションの設定が円滑な会議運営を助ける

会議のオプション

会議のオプションは開催者が設定できる

会議予定を作成した人が、その会議の「開催者」となります。開催者は［会議のオプション］の設定が可能です。

特に参加人数の多い会議や、社外のユーザーを含む会議では、**会議のオプションを適切に設定しておくことで、円滑な会議運営が実現できます**。この会議のオプションは事前に設定しておくことがほとんどですが、会議中でも可能です。必要に応じて、会議のオプションの設定を見直しておきましょう。

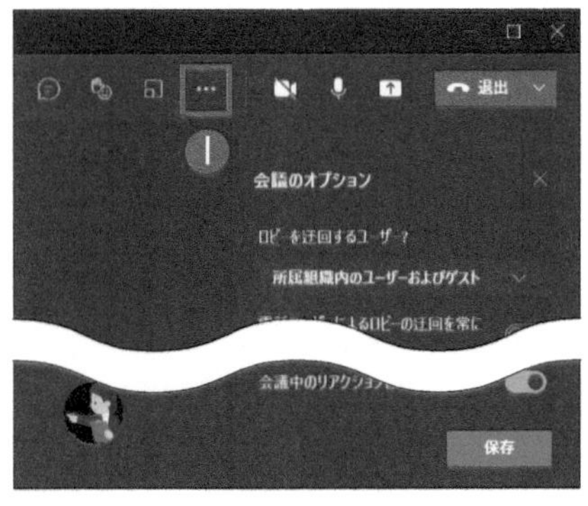

会議中に設定する場合、❶［その他の操作］→［会議のオプション］を順にクリックすると、画面が表示される。

ロビーを迂回できるユーザーを指定する

ロビーとは、会議の参加者が、会議参加前に一時的に待機する場所のことです。待機しているユーザーは、会議参加者が承認するまで会議に参加できません。

ロビーの設定は、会議の性質にあわせて指定する必要があります。例えば、機密情報を扱うなど、限られた人物のみで開催したい会議に、意図しないユーザーが突然参加しては困ってしまいます。しかし、参加人数が多いオープンな会議で、たくさんのユーザーをロビーに待機させてしまうと、承認だけでも手間がかかります。

会議のオプションでは、誰がロビーを通らずに直接会議に参加できるかを指定できます。既定では［所属組織内のユーザーおよびゲスト］の設定になっており、もっともよく利用されています。これによって同じ会社の同僚や、すでにどこかのチームに招待されているゲストユーザーは、直接会議に参加できます。

［全員］を選択すると、どのユーザーもロビーを通ることなく、直接会議に参加できます。機密性が低く、社外のユーザーが多くいるような会議に向いています。

開催者が出席者として招待したユーザーのみが直接会議に参加できる［自分が招待したユーザー］も便利です。この設定にしておけば、意図しないユーザーが直接会議に参加することはありません。P.130を参考に、会議出席依頼の転送を禁止しておくと、より厳密に参加者を管理できます。

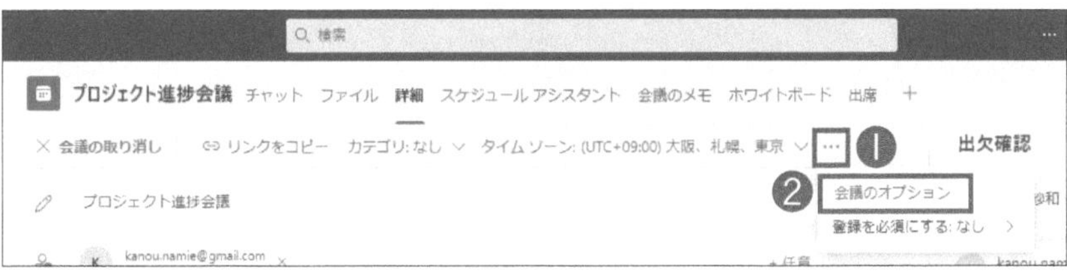

カレンダーの予定の［編集］をクリックすると、会議の予定の詳細画面が表示される。❶［…］→❷［会議のオプション］を順にクリック。

会議のオプション

ロビーを迂回するユーザー? ❸	所属組織内のユーザーおよびゲスト
電話ユーザーによるロビーの迂回を常に許可する	いいえ
電話ユーザーが参加または退出したときに知らせる	はい
発表者となるユーザー	全員
出席者のマイクを許可しますか?	はい
出席者のカメラを許可しますか?	はい
会議のチャットを許可する	有効
会議中のリアクションを許可する	はい

保存

ブラウザーで会議のオプションが表示された。❸［ロビーを迂回するユーザー？］から、直接会議に参加できるユーザーを選択可能。

発表者を個別に指定する

ビデオ会議でデスクトップやウィンドウ、PowerPointのスライドを共有できるユーザーを「発表者」と呼びます。会議のオプションでは、誰がこの発表者となれるかを事前に設定可能です。

例えば、誤った操作などで会議で発表する人以外が不用意に画面を共有すると、会議が中断されてしまいます。事前に［特定のユーザー］のみを発表者にしておくことで、そうした事態を防ぎ、スムーズな会議運営の助けになります。なお、事前に発表者に指定できるのは、同じ社内のユーザーのみです。

一方、発表者ではない他の会議参加者は「出席者」と呼ばれますが、会議中に出席者を発表者にしたり、発表者を出席者にしたりすることもできます。当初は予定していなかったものの、やはり発表もしてもらいたいといった場合などには、会議の参加者一覧から目的のユーザーを発表者に切り替えましょう。

なお、これらの**設定を行わない場合、すべての会議参加者が発表者となります**。

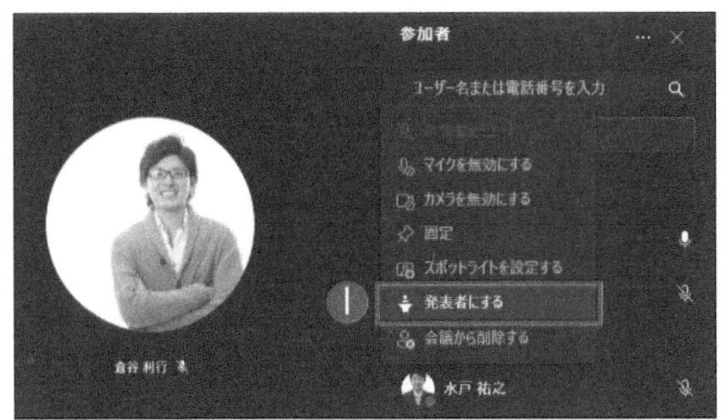

開催者と発表者は［参加者を表示］をクリックし、出席者を右クリックして❶［発表者にする］をクリックすると、出席者を発表者に変更できる。

マイクのミュートを解除できないようにする

多くの人が参加するビデオ会議で、誰かのマイクからノイズが入り、他の話している人の声が聞き取りづらくなった経験を持つ人は、多いのではないでしょうか。こうした事態を防ぐには、出席者がマイクのミュートを解除できないように［出席者のマイクを許可しますか?］を無効に設定しておくのもおすすめです。

もしもこの設定によって、出席者のマイクのミュート解除を制限していたとしても、会議中に開催者や発表者は解除を個別に許可できます。出席者が会議中の挙手やチャットによって発言したい意思を示したら、ミュートの解除を許可し、マイクで話せるようにしてあげましょう。

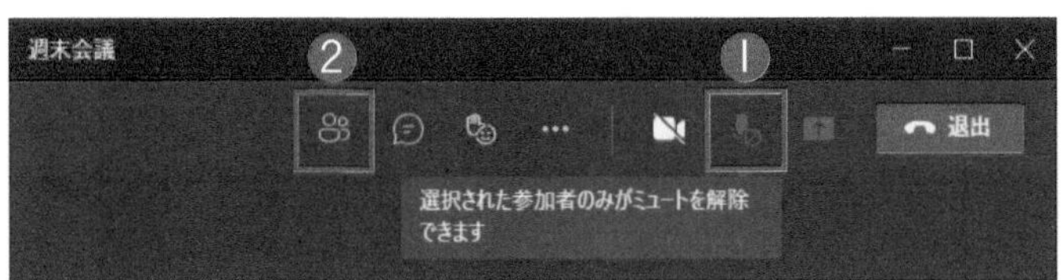

出席者のミュート解除を許可しないように設定すると、出席者は❶マイクを利用できない。開催者と発表者は❷［参加者を表示］から、出席者のマイクのミュート解除を個別に許可できる。

会議の参加時は事前にデバイスを整える

デバイスの設定／テスト通話／デスクトップアイコンの表示

デバイスの動作を確認する

ビデオ会議でもっとも参加者の不満が大きくなるのは、マイクやカメラのデバイスの不調によって会議が中断されたり、ノイズが入って声が聞き取りづらくなったりすることです。また、自身の画面を相手と共有するときに、意図しない情報が表示されてしまうのではないかという不安もあります。

これらの**トラブルは、事前に確認して回避できるものがほとんど**です。貴重な会議の時間を有効活用するためにも、事前にしっかりと確認できるよう手順を身につけておきましょう。

まず、デバイスがきちんとTeamsから認識されているかを確認します。特に、新しくマイクやカメラを購入した場合には、事前に正しいデバイスを選択しておく必要があります。一度Teamsからサインアウトして再びサインインし直すと、デバイスの設定が元に戻ってしまうこともあるため、心当たりがあれば必ず確認しましょう。

マイクやスピーカーを選択したあとはテスト通話を使って、きちんとマイクが声を拾い、スピーカーから音が出るかを確認しましょう。テスト通話を開始すると、ガイドの音声が流れます。その指示に従い留守番電話のようにマイクから音を録音すると、その結果がスピーカーから再生されます。マイクにノイズが乗っていないか、マイクの位置は適切かなどを確認しましょう。

テスト通話はTeamsの設定から開始できるほか、Teamsの検索ボックスに「/testcall」と打ち込むことでも行えます。何度もテスト通話を行う場合などは、この方法も知っておくと便利です。

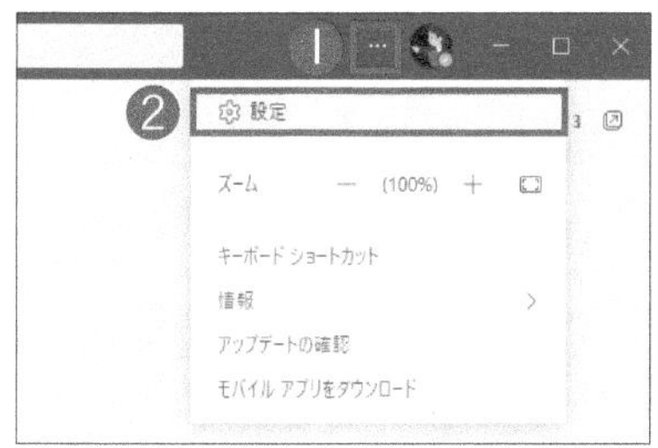

❶［設定など］→❷［設定］を順にクリック。

［設定］が表示された。❸［デバイス］をクリックすると、オーディオやカメラなどの設定画面が表示され、使いたいデバイスを選択できる。

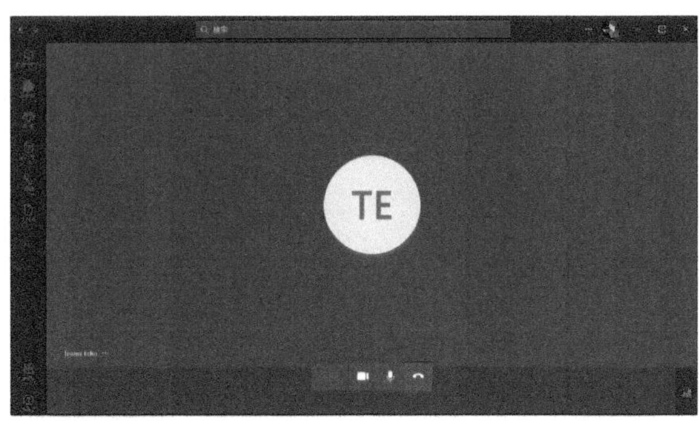

［設定］を表示し［デバイス］→［テスト通話を開始］を順にクリック、もしくは検索ボックスに「/testcall」と入力すると、テスト通話が開始する。ガイドの音声に従い自分のマイクの音を録音すると、その後に自動で再生される。

ノイズ抑制で声を明瞭にする

Teamsには、マイクが拾う周囲の雑音を自動的に抑制する機能があります。ドアの開閉音や手元の紙資料から出る音などを抑制し、自分の話し声をよりクリアに相手に届けることが可能です。

既定では［自動（既定）］に設定されていますが、もっとも効果を感じられるのは［高］の設定です。反対に、周囲の音を聞かせたい場合には、この機能をオフに設定しましょう。ノイズの抑制は［設定］の［デバイス］だけでなく、会議中も変更できます。なお、この機能を有効化することで、CPUへの負荷が少し上がるので注意しましょう。

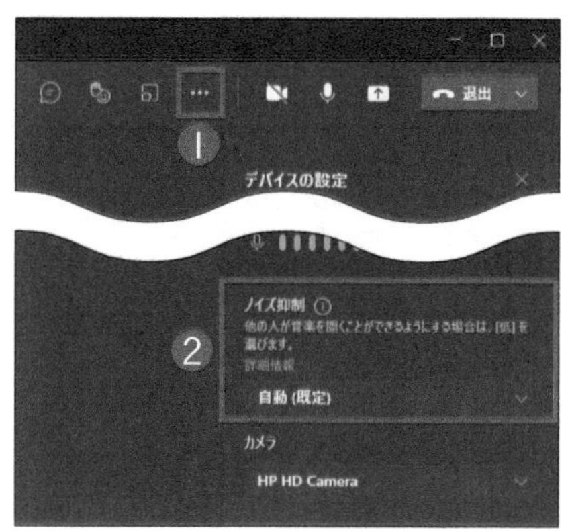

❶［その他の操作］→［デバイスの設定］を順にクリックすると、画面が表示される。❷［ノイズ抑制］で周囲の音を防いだり、周囲の音を聞かせたりする調整が可能。

画面を共有する前にデスクトップを整理する

ビデオ会議では、自身のデスクトップの画面を共有することも多くあります。このとき、デスクトップにアイコンが散らばっていたり、見られては困るファイルがウィンドウで表示されていたりすることは、よくある失敗の1つです。

会議で発表する予定があるならば、事前にデスクトップのアイコンを片付け、不要なウィンドウを整理しておきましょう。このとき便利なのが、**アイコンを一時的に非表示にする**操作です。この方法も覚えておくことで、突然の会議でも安心して参加できます。

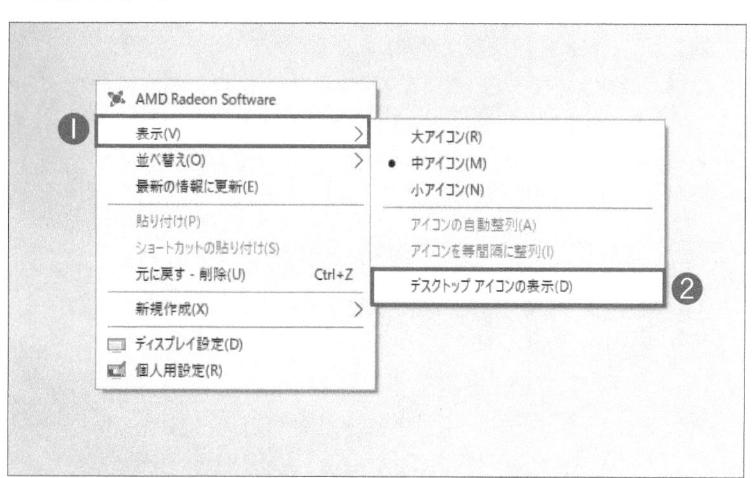

デスクトップを右クリックして❶［表示］にマウスポインターを合わせ、❷［デスクトップアイコンの表示］のチェックを外すと、デスクトップのアイコンがすべて非表示になる。チェックを付けると、アイコンが再び表示される。

会議の入室前に背景画像を設定しておく

カメラ／マイク／背景

突然のカメラオンにも慌てず対応可能

Teamsでは、カメラに自分の姿を映しつつ、背景に画像を合成できます。自宅や会社から会議に参加するときなど、背後の様子を相手に見せたくない場面でもカメラを利用できて便利です。しかし、事前に設定できていないと思わず背後が映ってしまったり、設定に時間がかかり、他の参加者を待たせてしまったりすることもあります。背景画像は、ビデオ会議への入室時に設定しておきましょう。

背景には、あらかじめ用意されているいくつかの画像のほか、自身で用意した画像も設定できます。近ごろでは、会社がロゴ入りのビデオ会議用画像を社員に配布している場合もあり、背景画像をネタに、会議のちょっとした雑談がはじまるなどの効果もあります。

会議にカメラをオフにして参加するつもりでも、背景画像を設定しておくのがおすすめです。会議中に突然カメラを利用することになっても、そのままカメラをオンにすれば、**設定しておいた背景画像が適用される**ので慌てずに済みます。

会議中、カメラがオフになっている状態でカメラのアイコンにマウスポインターを合わせると、どのような状態でカメラがオンになるのかを、プレビューで確認できます。カメラをオンにする前に、ここで一呼吸おいてプレビューを確認してからオンにするとさらに安心です。

会議入室前の画面を表示して❶［カメラ］をオンにし、❷［背景フィルター］をクリックすると、［背景の設定］が表示される。あらかじめ用意された画像から選択したり、❸［新規追加］から画像をアップロードしたりできる。

会議中、❹［カメラ］にマウスポインターを合わせると、プレビューを確認できる。

参加人数が多いと自動的にミュートになる

スピーカーやマイクの設定も、入室前に確認しましょう。パソコンからビデオ会議に参加する場合、ほとんどは［コンピューターの音声］を選択します。この画面でも、前のワザで解説した［デバイスの設定］が表示できるので、意図したデバイスが選択されているかをあらためて確認できます。

途中から会議に参加するときはマイクをミュートにして入室すると、入室時の意図しないノイズで議論や発表を邪魔してしまうのを防げます。**参加しようとしているビデオ会議にすでに4名以上が参加している場合は、自動的にミュートに切り替わる**ので、そのまま会議に参加し、必要に応じて解除するのがいいでしょう。

Teams Roomと呼ばれるビデオ会議用デバイスを利用する場合は［部屋の音声］を選択します。［音声を使用しない］を選択すると、マイクとスピーカーの両方をミュートにします。同じ会議室に集まってビデオ会議に参加するときに使うと、近くのユーザーのマイクと干渉しなくなるので、ハウリングが発生しません。

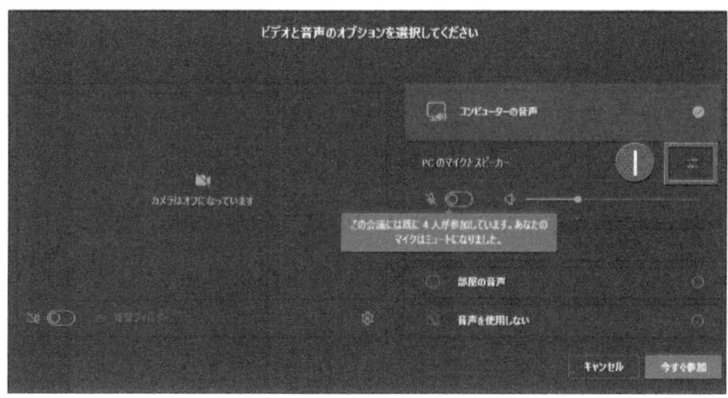

会議の参加前に、使用する音声を選択する。4人以上が参加している場合、マイクは自動的にミュートになる。❶［デバイス設定を開く］をクリックすると、［デバイスの設定］が表示され、マイクやカメラなどが選択できる。

会議をスムーズに進める テクニックを身に付ける

ミュート／挙手／スポットライト／チャット／ユーザーの追加

必要のないときにはマイクやカメラをオフにする

会議への参加者が多かったり、周囲に雑音がある環境で会議に参加していたりするならば、自身が話すとき以外はマイクをオフにしておきましょう。参加者の音声が重要なビデオ会議では、ちょっとした雑音が積み重なることでノイズとなり、想像している以上に会議の邪魔になってしまいます。頻繁にマイクのオンとオフを切り替えるならば、Ctrl＋Shift＋Mキーのショートカットキーを使うのも便利です。

さらに、会議の開催者や発表者は、他の参加者を個別にミュートしたり、自分以外のユーザーを一括でミュートしたりできます。マイクをオフにするのを忘れていてノイズになってしまっている参加者がいる場合などは、その人に代わってミュートすることも可能です。

また、プレゼンの際など、自分だけが話す場面であれば、他の参加者を一括でミュートしてもいいでしょう。参加者は発表者からマイクをミュートされた場合であっても、自分の操作で再びマイクをオンにできます。

カメラについても、不要な場面ではオフにしておくといいでしょう。特にネットワークに不安がある場合には、カメラをオフにすることで通信の負荷を軽減できます。自分だけでなく、他の参加者がオフにした場合にも効果があるので、場合によっては声をかけてオフにしてもらいましょう。

カメラには相手の様子が分かり、リアクションが見えるという利点もありますが、**ビデオ会議では音声を優先したほうが上手く進む**ことが多くあります。

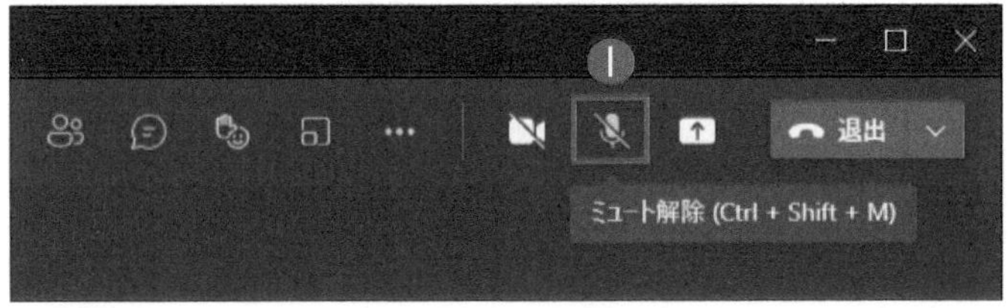

❶［マイク］をクリックするかCtrl＋Shift＋Mキーを押すと、マイクのオン／オフを切り替えられる。

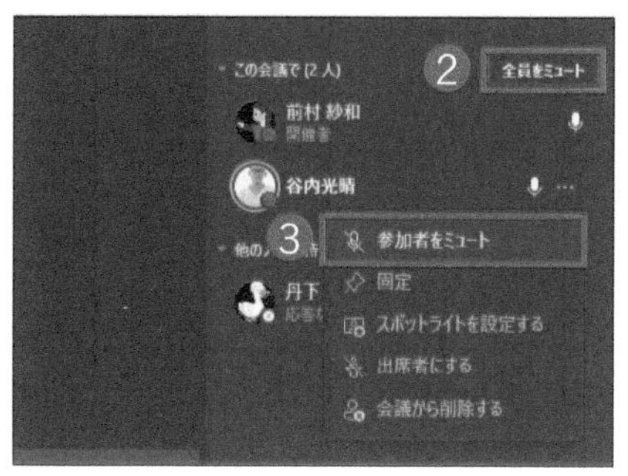

[参加者を表示] →❷ [全員をミュート] を順にクリックすると、自分以外の参加者のマイクを一括でオフにできる。個別にミュートしたい場合は、参加者を右クリックした後❸ [参加者をミュート] をクリックする。

挙手を有効活用する

会議中に「挙手」機能を利用すると、発言したいという意思を、発表者や他の参加者に対して伝えられます。会議への参加人数が多かったり、開催者によって出席者のマイクの利用が制限されていたりする場合などは、発言する順番を整理したり、マイクのミュート解除を許可したりするために活用できます。

ただし、発表中の人は挙手機能が使われていることに気付かない場合が多くあります。**有効に活用するには、参加者の中で会議の進行役を決めておく**といいでしょう。その役割の人が誰かが挙手していないかを確認し、手を挙げている人を順番に当ててあげると、スムーズに会議を進められます。

❶のメニューにマウスポインターを合わせ❷ [手を挙げる] をクリックすると、挙手できる。

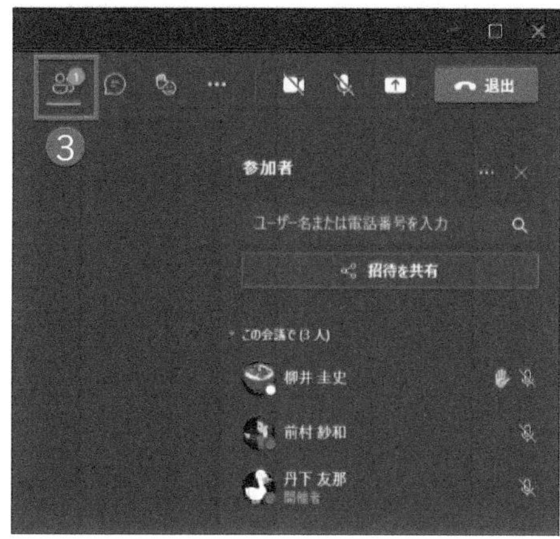

挙手した出席者がいると、❸ [参加者を表示] にバッジが付く。クリックして一覧を表示すると、誰が挙手しているかを確認できる。

スポットライトで発表者を大きく表示する

共有している画面の資料だけではなく、手元の紙や物を見せたり、身振り手振りで説明したりするなど、発表者そのものに注目してもらいたい場合もあります。このようなときは、スポットライトの機能が有効です。

スポットライトに設定された発表者のカメラの映像は、他の参加者から見て大きく表示されるため、発表者が何をしているのかが分かりやすくなります。最大7人まで設定できるので、パネルディスカッションのような使い方も可能です。

似たような機能に［固定］がありますが、固定は参加者がそれぞれ設定する必要があります。それに比べてスポットライトは、**開催者や発表者が設定すると参加者全員に適用されます**。カメラを使って説明したいときは、自身をスポットライトに設定しておきましょう。

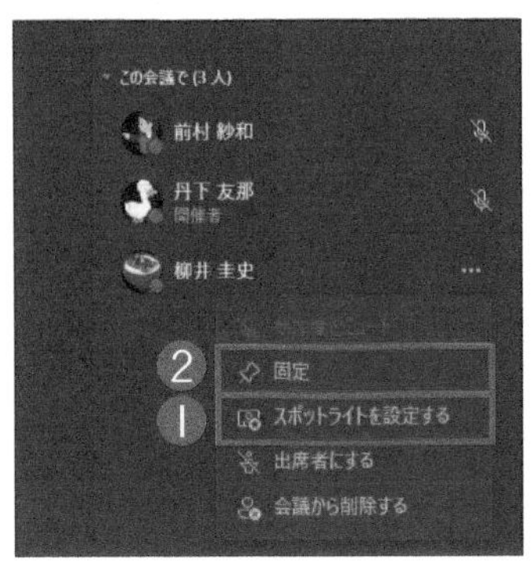

参加者の一覧で、参加者を右クリックして❶［スポットライトを設定する］をクリックすると、カメラ映像が大きく表示される。❷［固定］は各参加者が個別に設定する必要がある。

会議中もチャットを活用する

会議の途中でも、チャットは有効に利用できます。WebサイトのURLなど、会議に必要な情報をその場で共有できるほか、誰かの発表中に質問を書き留めておくのにも便利です。自分の質問をチャットで他の参加者と共有することで、後で質問し忘れる事態を防げますし、「そうした観点もあるのか」と、他の参加者にとっての気付きにつながることもあります。

また、議事録的にチャットを使うのもいいでしょう。話した内容や要点をその場で書き込んでいくことで、議論の流れが可視化されるほか、同じことを繰り返し議論してしまうことも防げます。後からそのチャットを見直せば、簡単な議事録として参照できるうえ、そこからチャットを利用した議論を続けることも可能です。

特に、チームのチャネルからはじめる会議では、チャットの内容が会議のスレッドに連なる形で投稿されるため、会議に参加していないチームの他のメンバーも簡単に閲覧できます。それを見かけたメンバーからアドバイスをもらえたり、気になった話題を見つけたメンバーが会議に参加してくれたりすることもあります。

会議に他のユーザーを呼ぶ

会議中に、他の人の意見を聞きたくなることもあるでしょう。ビデオ会議は従来の会議とは異なり、会議室に移動する必要がありません。その分、気軽にその場で会議に呼ぶことが可能です。

呼び出す操作もスムーズです。参加者の一覧から会議に参加してもらいたい人を検索し、その場で参加依頼を送信できます。相手には、会議への参加依頼通知が届くため、都合がよければ電話を取るように会議に参加してもらえます。**後回しにせずにすぐに意見をもらい、会議中の課題や疑問を解決**できれば、それによって組織の意思決定も早くなっていくでしょう。

参加者の一覧にある❶［ユーザー名または電話番号を入力］に招待したいユーザーの名前を入力し、❷［参加をリクエスト］をクリック。

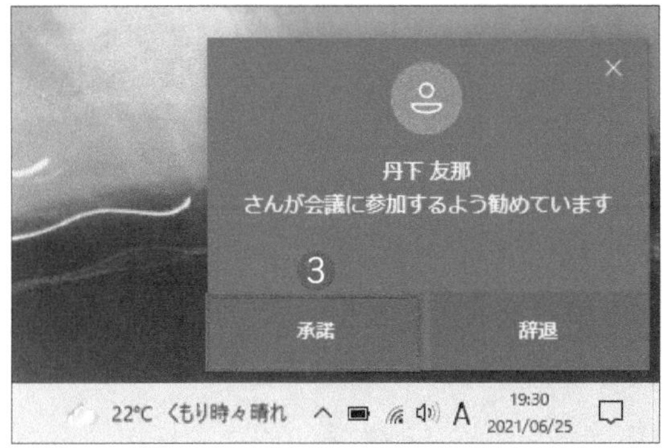

会議に招待されたユーザーに通知が送信された。❸［承諾］をクリックすると、会議に参加できる。

資料や操作の説明には画面共有を使う

画面共有

ビデオ会議で画面を共有する方法は4種類

会議室でプロジェクターを使って資料を映していたように、ビデオ会議では画面共有で資料を確認しながら議論を行います。共有の方法は「デスクトップ」「ウィンドウ」「PowerPoint」「ホワイトボード」の4種類があり、それぞれの特徴を理解して使い分けることで、より充実したビデオ会議が行えます。

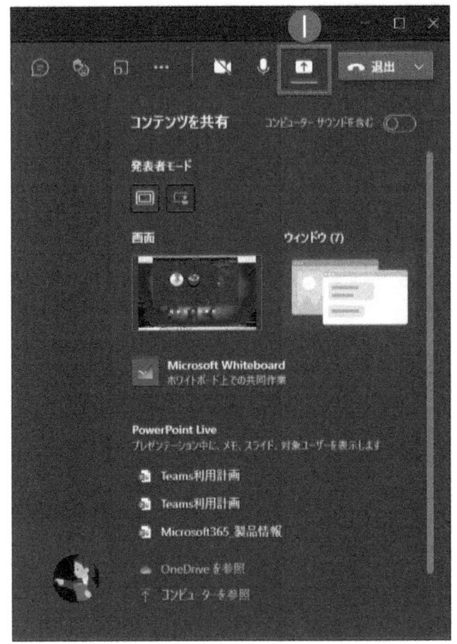

❶［コンテンツを共有］をクリックすると、画面共有の方法を選択できる。

デスクトップの共有で画面全体を見せる

［コンテンツを共有］から［画面］を選択すると、自分のパソコンに映っているデスクトップの画面そのものを会議の参加者に共有します。もちろんPowerPointやExcelなどの資料を開いていればその内容を共有できますし、ブラウザーで開いて

いるWebページをそのまま見せることもできます。

デスクトップの共有がもっとも便利なのは、複数のウィンドウやアプリケーションを切り替えながら説明を行う場合です。例えば、PowerPointのスライドで概要を説明しつつ、Excelを利用して詳細なデータを確認する場合でも、普段通りにデスクトップのアプリケーションを切り替えるだけで済みます。

ブラウザーで動画サイトを開き、そこで再生される動画を参加者に見せることも可能です。このときに［コンピューターサウンドを含む］を選択しておけば、自分のパソコンから出る音声も相手と共有されます。

従来の会議室でプロジェクターを利用するときは、デスクトップが丸ごと投影されるのが一般的だったと思います。デスクトップの共有はその使い勝手と同じなので、多くのユーザーにとっては違和感なく利用できるでしょう。

また、デスクトップの共有には、会議の参加者に操作の［制御を渡す］機能があります。指定した参加者に、共有しているデスクトップの画面を操作してもらうことが可能です。アプリケーションを代わりに操作してもったり、操作方法を教えてもらったりできます。

ただし、デスクトップ全体が参加者に共有されるため、**見られては困る情報が公開されないよう、会議前に画面を整理しておく**必要があります。パソコンに外付けディスプレイを接続し、映したいものだけをそのディスプレイに移動してから画面を共有すると、よりスムーズです。

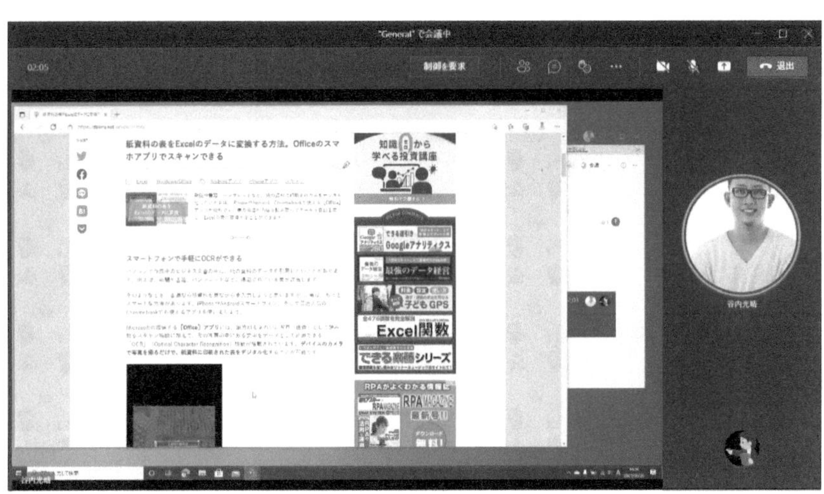

デスクトップが共有されると、相手の画面全体が表示される。

特定のウィンドウのみを共有する

［ウィンドウ］をクリックすると、自身のデスクトップで開いている任意のウィンドウを選択し、参加者と共有できます。デスクトップの共有とは異なり、共有したウィンドウ以外は参加者に表示されないため、**不要な情報や公開するつもりのなかった情報などが共有される心配がありません。**

一方で、他のウィンドウを参加者に共有したくなった場合には、いったん共有を停止し、次に共有したいウィンドウを選択し直す必要があります。そのため、複数のウィンドウやアプリケーションを切り替えながら説明を行いたい場合には少々不適です。

ウィンドウの共有で参加者に操作の［制御を渡す］と、共有した相手にウィンドウの中だけを操作してもらうことが可能です。デスクトップの共有と違い、指定したウィンドウ以外の余計なところを操作される心配もありません。

ウィンドウでも［コンピューターサウンドを含む］ことができ、自分のパソコンから出る音声も相手と共有できます。

発表者の画面では、共有しているウィンドウに赤枠が表示される。参加者にはそのウィンドウのみが表示される。

なお、解像度の高いディスプレイでデスクトップを共有した場合、相手にはコンテンツが小さく表示されている可能性が高いです。この場合はウィンドウを共有したほうが、指定したウィンドウだけが参加者それぞれの画面に合わせて拡大されて表示されるため、コンテンツが見やすくなります。

また、画面を共有された側はCtrlキーを押しながらマウスなどでスクロール操作をすることで、画面を拡大表示できます。画面が見づらいという声が多ければ、参加者それぞれに拡大して見てもらうようにお願いしましょう。

PowerPoint専用の共有方法

発表がPowerPointだけで済む場合は、［PowerPoint Live］を選択するのがおすすめです。自分のパソコンやOneDriveに保存されている任意のPowerPointを、専用のモードで共有できます。

参加者にはプレゼンテーションとして表示されます。特徴的なのが、参加者が自由に前後のスライドを閲覧できることです。話を聞きながら気になったスライドに戻って確認したり、少し先に進んで次のスライドを確認したりできます。

発表者の画面には、Teamsに組み込まれた発表者ビューが表示されます。次のスライドを確認したり、スライドに加えたノートの内容を確認したり、レーザーポインター機能などを使ってスライドを強調したりしながら進めることが可能です。

複数人で1つのPowerPointファイルを利用して発表する場合は特に便利で、発表者に指定されたユーザーは他の発表者が共有しているPowerPointの制御権を取得できます。発表者が替わるときに画面を共有し直す必要がありません。

他には、会議中のチャットを発表中のコンテンツに並べて表示することもできます。発表中に参加者が投稿してくれたコメントや質問をリアルタイムで確認しながら進めたい場合にも便利です。

また、目に見えない特徴ですが、PowerPoint Liveはデスクトップやウィンドウの共有に比べて、ネットワークへの負荷が小さいです。他の共有方法と比べて、スムーズな動作が期待できます。

自分のパソコンから選択したPowerPointファイルを共有する場合、会議チャットにファイルを添付するのと同様に、SharePointまたはOneDriveにアップロードされます。チャネルからはじめる会議では、会議参加者だけではなくチームメンバー全員にファイルが共有されるので、注意しましょう。

PowerPointの共有を利用すると、発表者は発表者ビューを利用できる。発表中のコンテンツを見ながら、参加者のチャットも確認可能。

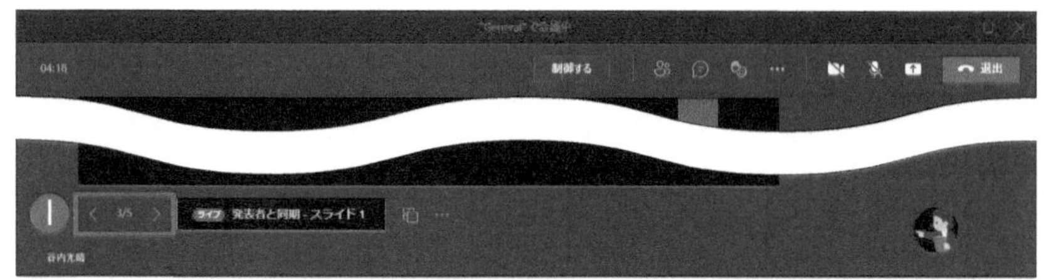

参加者は、❶前後のスライドを自由に閲覧できる。

ホワイトボードに同時に書き込む

[Microsoft Whiteboard]を選択すると、手書きの図やメモを書き込んで共有できる「ホワイトボード」が利用できます。これはMicrosoft WhiteboardがTeamsに組み込まれて動作するもので、マウスやペン、タッチ入力を利用して書いた図が、参加者にもリアルタイムで共有されていきます。

会議中に書き込まれたホワイトボードは、会議予定の詳細画面のタブに[ホワイトボード]として追加されるので、会議終了後にも書き加えたり確認したりできます。会議室に備え付けられたホワイトボードで説明や議論を行ってきたのと同じ感覚で利用できるだけでなく、**会議終了後に消さずにそのままデータを残せる**のが大きな利点です。

より多くの機能を利用するには、WindowsにインストールされたMicrosoft Storeアプリから「Microsoft Whiteboard」アプリをインストールしてサインインしておきましょう。それよって、Teamsのホワイトボードの画面から[アプリで開く]ことができ、より快適に利用可能です。

本書執筆時点では、ホワイトボードは会議のレコーディングに対応していないため注意しましょう。レコーディングで残すには、Whiteboardアプリを利用し、アプリのウィンドウを画面共有しておくよう工夫する必要があります。

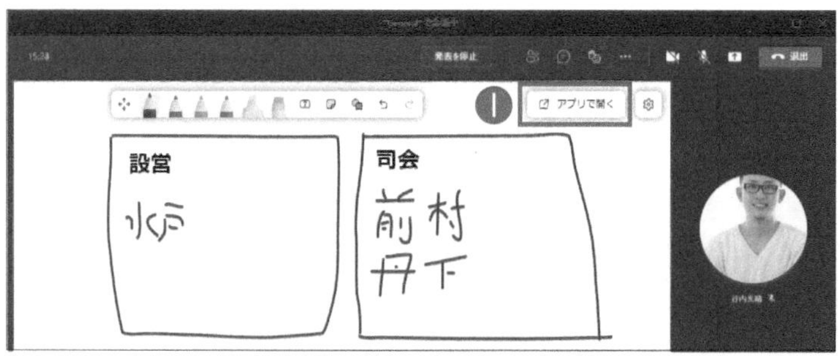

ホワイトボードには、他の参加者と同時に書き込むことができる。アプリをインストールしている場合は❶[アプリで開く]をクリックすると、より多くの機能を利用可能。

会議のサポート用デバイスとしてスマートフォンを使う

スマートフォンアプリ

パソコンとスマートフォンで同じ会議に参加する

Teamsのスマートフォンアプリを利用して、どこからでもビデオ会議に参加できます。スマートフォンから直接参加するだけでなく、パソコンで参加しているビデオ会議をスマートフォンに転送することも可能です。急に席から離れなければならないときでも、会議に参加したまま移動できます。

さらに、パソコンとスマートフォンで同じ会議に同時に参加することで、便利に使える機能がいくつかあります。

なお、スマートフォンでビデオ会議に参加するときは、スマートフォンのネットワーク回線を利用します。そのため、通信量に制限がある場合は注意が必要です。Wi-Fi（無線LAN）に接続した状態で利用するのがいいでしょう。

パソコンでビデオ会議に参加しているときにスマートフォンのTeamsアプリを開くと、会議に参加するかの確認メッセージが表示される。❶［参加］をタップ。

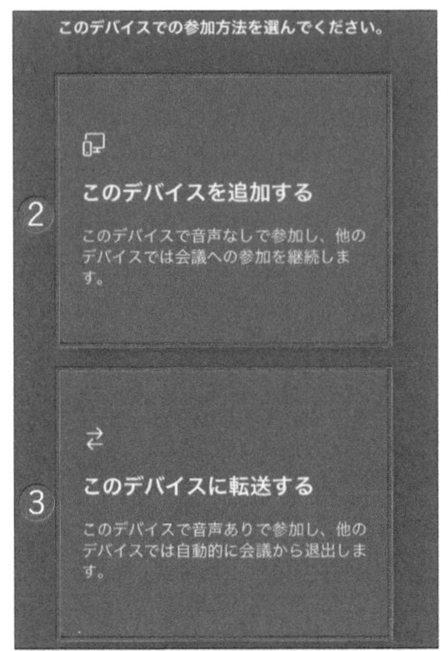

会議への参加方法の選択画面が表示された。❷［このデバイスを追加する］をタップすると、パソコンとスマートフォンの両方で同じ会議に参加した状態になる。❸［このデバイスに転送する］をタップすると、パソコンは会議から退出する。

Webカメラとして使う

スマートフォンを会議に追加した後にカメラを有効化すると、その映像を他の参加者に共有できます。スマートフォンをWebカメラの代わりにできるので、**カメラが付属していないパソコンから会議に参加したいときにも便利**です。スマートフォン用の三脚やライトも多く売られているので、そうした機器と一緒に利用するのもいいでしょう。

スマートフォンは手で持って動かすのも容易です。外出先の現地の様子を参加者と共有したり、手元にある機器のエラー画面やランプなどを映して状況を共有したりできます。パソコンのカメラでは撮影が難しいものでも、スマートフォンなら柔軟に映すことが可能です。

Teamsアプリでカメラを❶オンにすると、Webカメラの代わりに利用できる。

会議用マイクスピーカーの代わりにする

普段からスマートフォンで、ハンズフリーで通話をしている人もいるかもしれません。これと同様に、Teamsアプリをハンズフリーの会議用マイクスピーカーの代わりに利用することもできます。

同じ場所に複数人が集まって会議に参加するときに、テーブルの中央に置いて使うと便利です。ハウリングを防ぐため、パソコンはスピーカーとマイクをミュートにしておき、スマートフォンのマイクとスピーカーを有効にしましょう。

また、スマートフォンを耳に当てて利用すれば、パソコンで画面を見つつ音声はスマートフォンを使い、電話をするように会議に参加できます。

パソコンで共有した画面を確認する

画面を共有しているときに、他の参加者にちゃんと画面が見えているのか、意図通りの画面が見えているのか心配になったことがあるかもしれません。筆者も、会議で「共有した画面が見えていますか？」と確認している場面をよく見かけます。

スマートフォンでも会議に参加している場合、自身がパソコンで共有した画面をスマートフォンで確認可能です。これによって、**他の参加者に見えている画面が自分の手元で分かる**ので、自信を持ってプレゼンや発表を行えるようになります。

パソコンで画面を共有している状態でTeamsアプリを見ると、他の参加者と同じ、画面を共有されたユーザーの視点で会議が表示される。

会議を録画して
まとめて確認する

レコーディング／OneDrive／SharePoint

ビデオ会議を後から振り返る

Teamsのビデオ会議の様子を、動画として残せる「レコーディング」機能があります。レコーディングを開始できるのは、開催者と同じMicrosoft 365テナントのユーザーに限られ、同時に1人だけが開始できます。

レコーディングされた動画ファイルは、SharePointまたはOneDriveに保存されます。以下の表で示すように、動画ファイルの保存先は会議の開始方法によって異なります。動画へのアクセス権にも違いがありますが、いずれの場合でも、社外の出席者に共有するには手動で権限を付与する必要があります。

以前はMicrosoft Streamに保存されていましたが、近ごろのアップデートにより保存先が変更になりました。本書執筆時点では移行期間であるため、まだMicrosoft Streamに保存されているユーザーもいるかもしれません。2021年8月以降に、すべてのユーザーで保存先がSharePointまたはOneDriveに変更される予定です。

レコーディングの保存場所の違い

会議の種類	保存場所	アクセス権
チャネルからはじめる会議	チームのSharePointサイト	●レコーディングを開始したユーザーに編集権限 ●他の出席者はサイトの権限に応じる
カレンダーからはじめる会議	レコーディングを開始したユーザーのOneDrive	●レコーディングを開始したユーザーに所有者権限 ●会議開催者に編集権限 ●会議出席者に閲覧権限
チャットからの通話	レコーディングを開始したユーザーのOneDrive	●レコーディングを開始したユーザーに所有者権限 ●通話参加者に閲覧権限

レコーディングを開始する

❶［その他の操作］→❷［レコーディングを開始］を順にクリック。

会議のレコーディングが開始され、録画中であることを示す❸メッセージが表示された。再び［その他の操作］をクリックすると、メニューに［レコーディングを停止］が表示され、それをクリックするとレコーディングが停止する。

レコーディングを利用する

レコーディングの動画は、**会議のチャットやスレッドに自動的に追加される**ため、会議の参加者はいつでも簡単に閲覧できます。

また、SharePointやOneDriveに保存された動画ファイルは、ファイルに対して編集権限以上のアクセス権があれば、他のユーザーと共有可能です。IT管理者の設定によっては社内だけでなく、社外の関係者にも共有できます。

Microsoft Streamに保存された動画は、社外のユーザーに共有できませんでした。保存先がSharePointまたはOneDriveに変更された利点ともいえます。

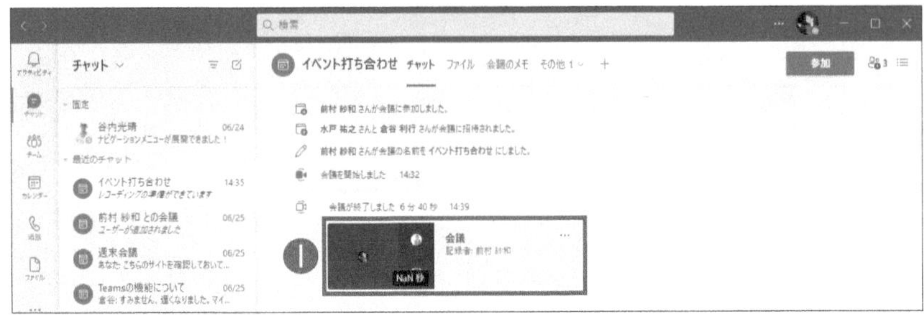

❶会議の録画は、会議チャットやスレッドに追加される。クリックするとブラウザーでOneDriveもしくはSharePointサイトの動画が表示される。

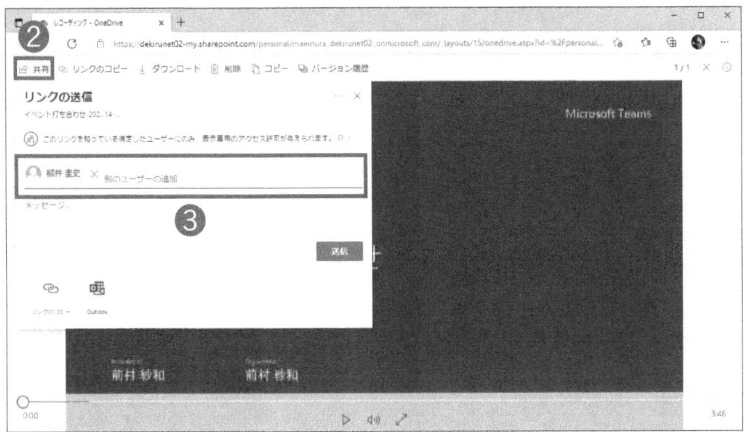

❷[共有]をクリックすると[リンクの送信]が表示される。❸[宛先]にユーザーの名前やメールアドレスを入力すると、会議に参加していないユーザーや社外のユーザーに動画のリンクを送信して共有可能。

チーム内のレコーディングを集約する

チャネルからはじめる会議をレコーディングした動画は、チームに紐づくSharePointサイトのライブラリに保存されます。このライブラリはチャネルごとにフォルダーが分かれているため、会議の動画ファイルのみをまとめて探そうとすると、手間がかかります。

そこで、SharePointを利用し、会議の動画ファイル一覧ページを作成してみましょう。各チャネルのフォルダーを行き来することなく、**チーム内の会議の動画をまとめて確認**できます。

まず、SharePointサイトの「強調表示されたコンテンツ」Webパーツを利用し、動画用のページを作成します。このパーツ内でクエリテキストを用いて、

SharePointサイトのライブラリに保存されているファイルから、ProgIdプロパティを利用してTeamsの会議で作成された動画ファイルを抜き出し、更新日時の新しいものから24ファイル分を表示するように指示します。

SharePointページを作成する

チームに紐づいたSharePointサイトを表示しておき、❶［新規］→❷［ページ］を順にクリックすると、ページのテンプレートの選択画面が表示される。任意のテンプレートを選択して［ページの作成］をクリックする。テンプレートは［空白］を選ぶのがおすすめ。

❸［名前を追加］にページの名前を入力。続いて❹［新しいWebパーツを追加］→❺［強調表示されたコンテンツ］を順にクリック。

[強調表示されたコンテンツ]を編集する

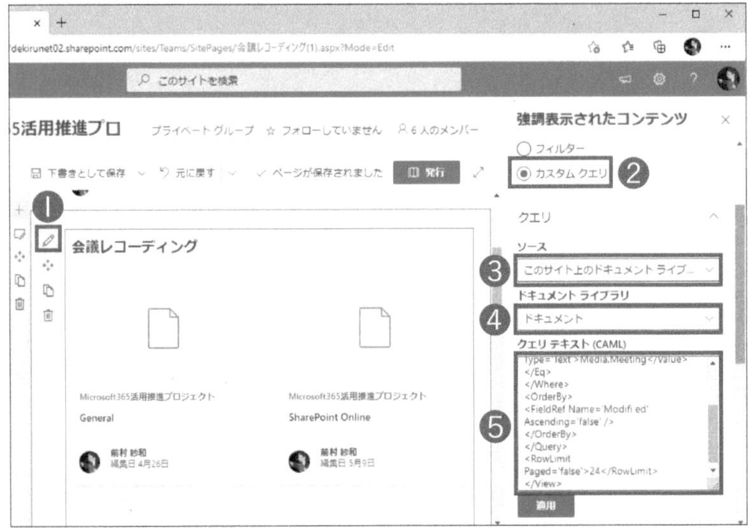

❶ [Webパーツの編集] をクリックすると、メニューが表示される。❷ [カスタムクエリ] を選択し、[ソース] で❸ [このサイト上のドキュメントライブラリ] を、[ドキュメントライブラリ] で❹ [ドキュメント] を選択する。❺ [クエリテキスト] に以下の内容を入力。

[クエリテキスト]の入力内容

```
<View Scope='RecursiveAll'>
 <Query>
  <Where>
   <Eq>
    <FieldRef Name='ProgId' />
    <Value Type='Text'>Media.Meeting</Value>
   </Eq>
  </Where>
  <OrderBy>
   <FieldRef Name='Modified' Ascending='false' />
  </OrderBy>
 </Query>
 <RowLimit Paged='false'>24</RowLimit>
</View>
```

画面をスクロールして❻［タイトルとコマンドを表示］をオンにする。❼［グリッド］を選択して❽［適用］をクリックすると、動画がまとめて表示できるWebパーツが完成する。内容を確認して問題なければ❾［発行］をクリックすると、ページができる。

Teamsから簡単にアクセスする

動画以外にも、会議資料や関連情報、リンクなどをまとめたり、チーム内で共有されたトピックをブログのようにまとめたりするなど、SharePointはさまざまな用途で利用できます。**作成したページをチャネルのタブとして追加すれば、Teamsからのアクセスが容易**です。TeamsはSharePointと組み合わせると、さらに活用の幅が広がります。

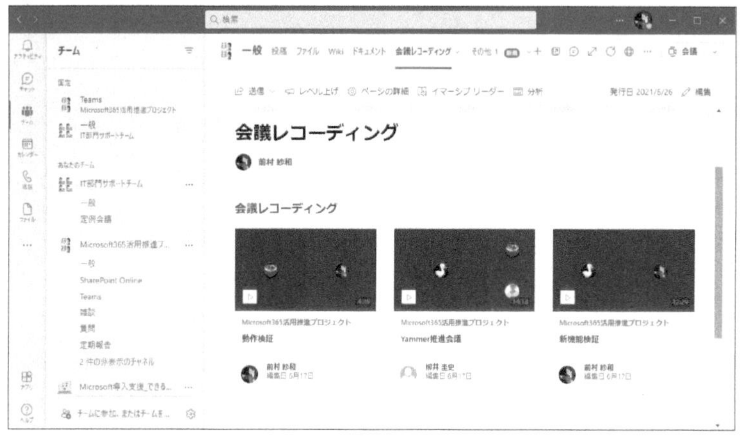

作成したページを［SharePoint］アプリのタブとして追加すると、レコーディングの一覧をTeams上で確認できる。

研修でグループワークを実施する

ブレークアウトルーム

グループワークをビデオ会議で実現

社内の研修やワークショップなどでは、**受講者を少人数のグループに分けて議論してもらう場面**がしばしばあります。「ブレークアウトルーム」を使うと、以下の図で示すような、研修の冒頭は参加者全員が集まって説明や講義を受け、その後グループに分かれてディスカッションを行い、再度1つの会議室に戻り、ディスカッションの内容を発表して共有するといった流れを、スムーズに行えます。

ブレークアウトルームを使った研修の流れ

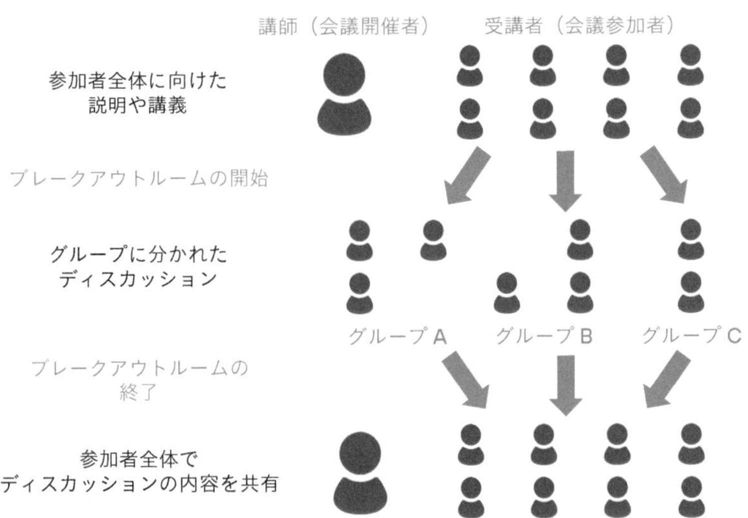

ブレークアウトルームは、会議の開催者が操作可能です。割り当てる会議室の数と、[自動]と[手動]の2種類から参加者を割り当てる方法を選択します。[自動]の場合、ユーザーを各ルームに自動的に割り当てます。[手動]では、開催者がルームごとに参加するユーザーを個別に指定可能です。

開始すると、各参加者には会議室に移動することを示すメッセージが表示され、その後自動的に遷移します。開催者は各会議室に入室して様子を確認可能です。

終了すると、参加者が元の会議に自動的に戻ってきます。実際の研修では、元の会議室に戻った後で、それぞれのグループで話された内容を発表してもらうことが多いです。

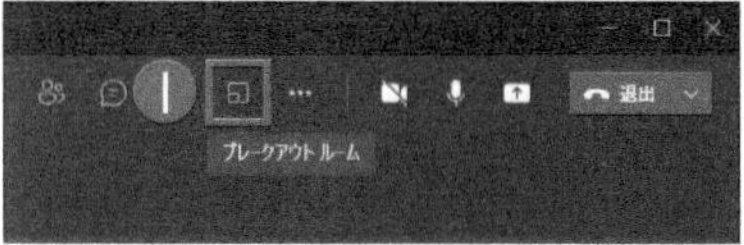

❶［ブレークアウトルーム］をクリックすると、［ブレークアウトルームを作成］が表示される。グループの数とユーザーの割り当て方法を選択し、［Create rooms］をクリック。

［手動］の場合、❷［参加者の割り当て］からメンバーをルームに割り当てられる。［自動］の場合でも、メンバーの❸チェックを付け、❹［割り当てる］をクリックすれば、ルームの変更が可能。❺［会議室の開始］をクリックすると、各参加者がルームに移動する。

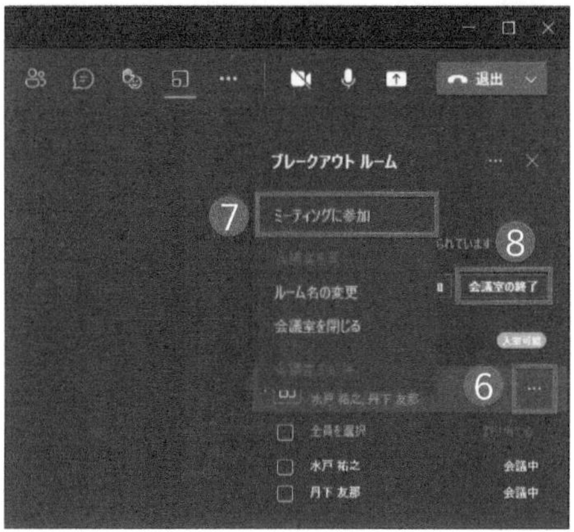

ルーム名を右クリック、もしくは❻［その他のオプション］をクリックして❼［ミーティングに参加］をクリックすると、各ルームで行われている議論の様子などを確認できる。❽［会議室の終了］をクリックすると、ブレークアウトルームが終了する。

会議中にアンケートを取り素早く集計する

会議アプリ／Forms

ビデオ会議にアプリを追加する

チャネルにタブ形式のアプリを追加できるのと同様に、ビデオ会議にもアプリを追加可能です。アプリを追加できるのは、本書執筆時点ではカレンダーからはじめる会議のみです。開催者や発表者であれば、会議中の［その他のオプション］もしくは会議前に［予定の詳細情報］から追加できます。

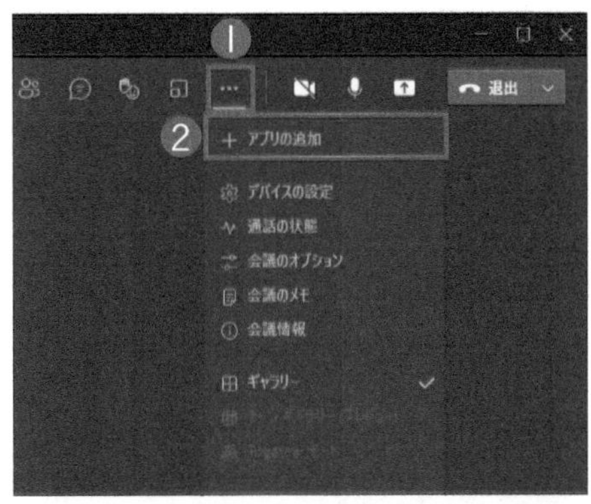

❶［その他の操作］→❷［アプリの追加］を順にクリック。

追加したい❸アプリ名をクリックすると、会議にアプリが追加される。会議中に利用するアプリは❹［会議用に最適化］の中から選ぶのがおすすめ。

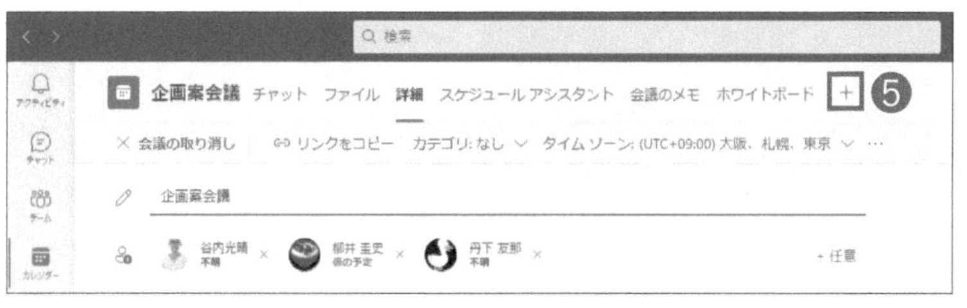

[カレンダー]で会議の予定の[編集]→❺[タブを追加]を順にクリックすると、[タブを追加]画面が表示され、追加するアプリを選択できる。

簡単なアンケートを実施する

追加可能なアプリはいくつかありますが、Microsoft 365のライセンスに含まれており、身近な会議でもすぐに利用できるのが、Formsアプリです。追加しておくと、会議の開催者や発表者は会議前や会議中に簡単なアンケートを作成し、会議中に参加者から回答を収集できます。

作成したアンケートを［起動］すると、**会議の参加者の画面には回答用のフォームが表示され、そこから回答を投稿できます**。例えば、議題に対しての賛成や反対の意思を確認するときに利用すると、スムーズな集計や匿名での回答が可能です。また、参加者が多い会議を双方向のコミュニケーションをしながら進めたり、社内研修で参加者の満足度調査をしたりするのにも利用できます。

こうした会議中に利用できるアプリは今後も追加されていく予定です。会議をさらに便利にする仕組みとして期待できます。

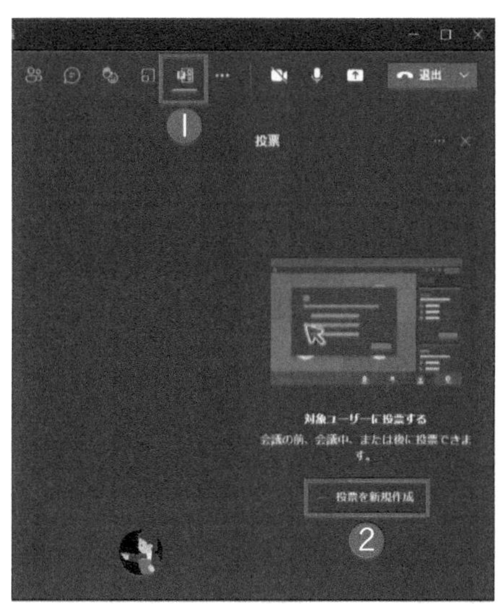

❶［投票］→❷［投票を新規作成］を順にクリック。

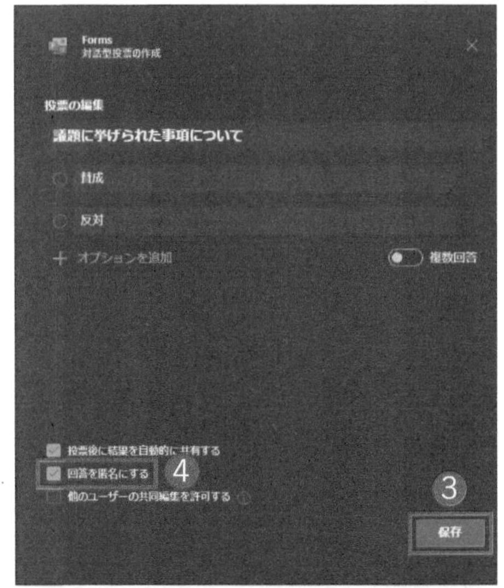

質問などを入力して❸［保存］をクリック。❹［回答を匿名にする］にチェックを付けると、匿名で回答を集計可能。

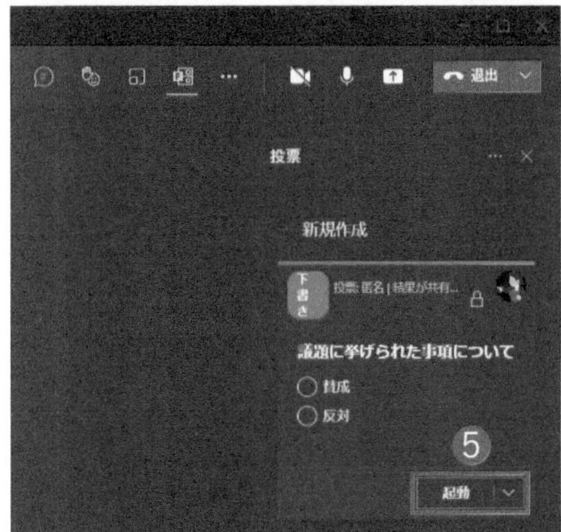

アンケートの作成が完了した。❺［起動］をクリック。

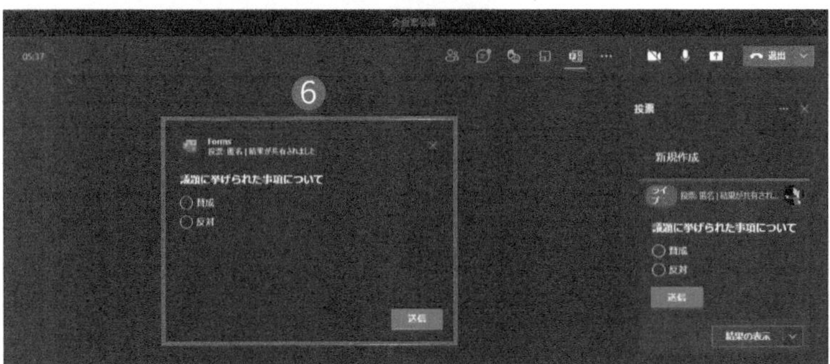

参加者の会議画面に❻アンケートが表示された。

終了した会議の予定を無断で利用させない

会議を終了／会議のオプション

他の参加者を強制退出させる

会議が終わると、参加者がそれぞれ会議から退出します。しかし、時には何人かが会議から退出せずに残り、いつまでも会議が終了しないことがあります。必要があって会話を続けているのであれば問題ないものの、会議中にパソコンから離れたまま退出しそびれていることもありますし、単純に参加者同士の勝手な話し合いを止めさせたい場合もあります。

会議の開催者は、[退出] する以外に [会議を終了] させることが可能です。他の参加者全員を強制的に会議から退出させることで、完全に会議が終了します。

❶→❷ [会議を終了] を順にクリックすると [会議を終了しますか?] と表示される。[終了] をクリックすると、参加者全員が退出し、会議が終了する。

過去の会議予定を勝手に利用されない設定

会議終了後であっても参加者は、カレンダーに残る会議予定から再び会議に参加できます。このような事態を防ぎたい場合は、会議終了後にワザ38 (P.136) を参考に会議のオプションを見直して、[ロビーを迂回するユーザー] を [自分のみ] に変更しましょう。**開催者以外がその会議を再開不可能な状態にできます。**

Teamsのビデオ会議は、会議終了後であっても会議URLにアクセスすることで、当分の間は参加できるようになっています。また、一度作成された会議URLを手動で無効化することができません。特に、社外の参加者が大勢いる場合は、過ぎてしまった会議に参加してしまうユーザーもいるものです。過去の会議に参加できないように設定しておくことで、お互いにより分かりやすくなります。

セミナーの予定と参加登録フォームを同時に作成する

ウェビナー

ウェビナーに必要な機能がそろっている

近ごろは社内向けの講習会や研修、社外の顧客に向けたセミナーなどは、オンラインで行われることが多くなってきました。このような催しはウェビナー（ウェブとセミナーを組み合わせた造語）と呼ばれますが、Teamsにはこの**ウェビナーを簡単に開催するための専用の機能**が備わっています。

具体的には、ウェビナーの開催に必要な参加者の申し込みフォームの作成、参加登録したユーザーの管理、セミナー実施中のスムーズな運営のための仕組みなどです。Office 365またはMicrosoft 365のE3、E5、Business Standard、Business Premiumのライセンスがあれば開催可能です。ウェビナーの参加者は、Teamsアプリのほか、ブラウザーからでも参加できます。

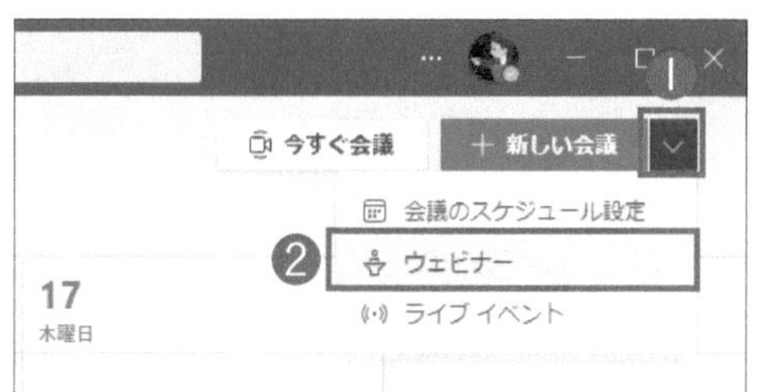

カレンダーの❶［新しい会議］→❷［ウェビナー］を順にクリックすると［新しい会議］が表示され、そこからウェビナーの予定を作成できる。

登録フォームには質問を追加可能

ウェビナー特有のメニューが「登録フォーム」の作成です。事前に参加者から参加申し込みを受け付けられます。

登録フォームを作成できるのは、［登録を必須にする］の設定で［組織内のユーザー］または［すべてのユーザー］のいずれかが選択されている場合です。社外のユーザーも対象にする場合は［すべてのユーザー］を選択しましょう。［なし］に設定した場合は、参加申し込みの必要がない通常の会議となるため、登録フォームは作成されません。

フォームの作成画面では、公開されるウェビナーの情報と、参加登録用のフォームを作成可能です。登録フォームにはあらかじめ「名」「姓」「メール」が必須の入力項目として用意されていますが、入力項目の追加もできます。

ここで作成したフォームは、元のウィンドウで作成中のウェビナー予定を発表者に送信するまで有効になりません。フォームのURLを参加者と共有する前に、必ずウェビナー予定を送信し、カレンダーに予定を登録してください。

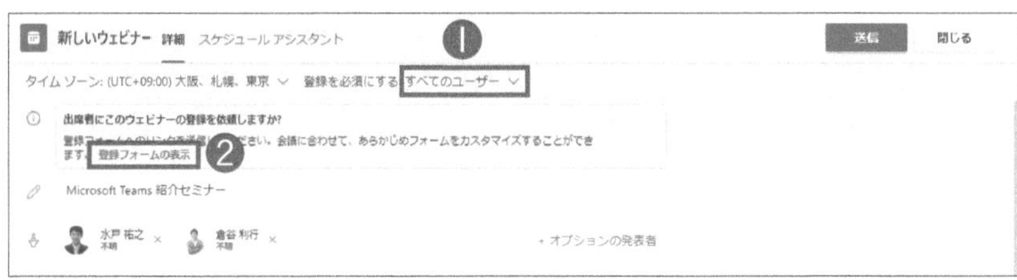

社外向けのウェビナーを作成する場合［登録を必須にする］で❶［すべてのユーザー］を選択しておく。❷［登録フォームの表示］をクリック。

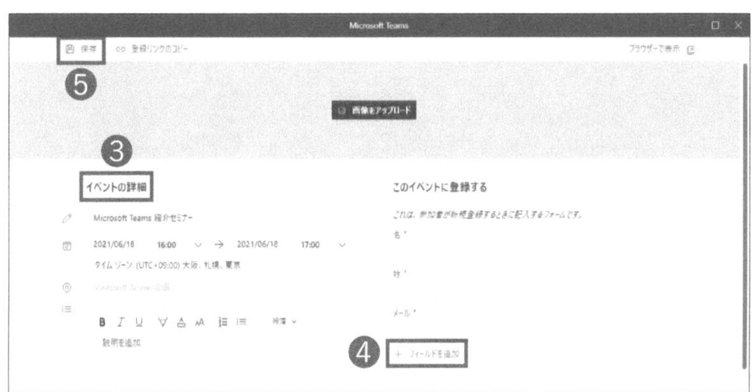

フォームの作成画面が別ウィンドウで表示された。❸［イベントの詳細］に、参加者に公開されるイベントの情報を入力する。❹［フィールドを追加］をクリックすると、参加者が入力するフォームの質問を追加できる。❺［保存］をクリックすると画面が閉じるが、［新しい会議］で予定を発表者に送信しないと予定が作成されず、登録フォームも利用できないので注意。

参加者にリンクを自動で送信できる

カレンダーに登録されたウェビナーの予定には［登録リンクのコピー］のメニューがあり、ここから登録フォームのURLを取得できます。これをメールやSNSなどを用いて社内外のユーザーと共有しましょう。参加者はそのURLから**登録フォームにアクセスすることで、参加申し込みができます**。

フォームに登録した参加者には、ウェビナーに参加するためのリンクが記載されたメールが自動的に配信されます。一方、ウェビナー予定を作成した開催者は、参加登録状況をCSVファイルでダウンロードして確かめることが可能です。

登録フォームに情報を入力して送信すると、参加リンクがメールで送信される。

開催者はロビーの設定を見直す

ウェビナーの予定時刻になったら、発表者は普段の会議と同様にカレンダーからウェビナーに参加します。開催者は予定時刻より前に参加しておき、ワザ38 (P.136) を参考に［会議のオプション］を確認しておきましょう。

特に、**多くの参加者が見込まれている社外向けのセミナーの場合は［ロビーを迂回するユーザー?］の設定に注意**してください。ウェビナー向けのオプションの既定値では［自分が招待したユーザー］になっており、発表者に登録されていないユーザーはすべてロビーで待機が必要です。

ロビーからの参加許可だけでもかなりの手間なので、ウェビナー開始の30分前から開始後10分後程度は［全員］に設定しておくと、運営が楽になります。終了後は［自分が招待したユーザー］または［自分のみ］に変更しておくことで、参加者が時間外にウェビナーへ参加した状態になることを防げます。

参加者は、マイクやカメラの利用も制限されています。質疑応答でマイクを使いたいのなら、チャットや挙手で知らせてもらい個別に許可するのがいいでしょう。

ウェビナーの発表者や参加者の操作は、通常と会議と同じです。普段からTeamsでビデオ会議をしているユーザーであれば、特別な操作を覚える必要もないでしょう。

ウェビナーが終了して少し時間が経つと、開催者は会議のチャットから、ウェビナーの参加者などが分かる「参加者のレポート」のCSVファイルをダウンロードできるようになります。今後のアップデートにより、ダウンロードは不要で、この情報もTeamsの画面上で確認できるようになるようです。

ウェビナーを実施するための管理者の設定

本書執筆時点ではウェビナーの機能は登場して間もないため、管理者はPowerShellを利用して設定を行う必要があります。Microsoft Teamsの管理用コマンドレットを事前にインストールしておきましょう。

主に管理者が気になる設定は、ユーザーが［登録を必須にする］の設定で選択できる範囲です。「Connect-MicrosoftTeams」のコマンドでTeamsに接続したあと、「Set-CsTeamsMeetingPolicy」のコマンドで設定します。続けてコマンドを実行する場合は、「Connect-MicrosoftTeams」のコマンドは、PowerShellのウィンドウを閉じるまでは繰り返し実行する必要はありません。

以下に主な設定を適用するコマンドを記載したので、参考にしてください。設定の詳細を知りたい場合は、Microsoftが公開している公式ドキュメントを確認してください。

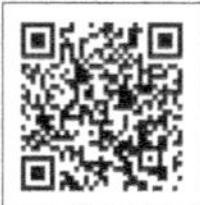

PowerShell Gallery | Microsoft Teams
https://www.powershellgallery.com/packages/MicrosoftTeams/

Set up for webinars in Microsoft Teams
https://docs.microsoft.com/en-us/microsoftteams/set-up-webinars

［組織内のユーザー］までを選択可能にする

```
Connect-MicrosoftTeams
Set-CsTeamsMeetingPolicy -WhoCanRegister EveryoneInCompany
```

［すべてのユーザー］を有効化する

```
Connect-MicrosoftTeams
Set-CsTeamsMeetingPolicy -WhoCanRegister Everyone
```

現在の設定を確認する

```
Connect-MicrosoftTeams
Get-CsTeamsMeetingPolicy | select Identity, AllowMeetingRegistration,
WhoCanRegister, AllowEngagementReport | ft
```

大勢にプレゼンテーションを配信する

ライブイベント

参加人数が多いイベントを開催できる

Teamsでは「ライブイベント」と呼ばれる、発表者から一方向にプレゼンテーションを配信する会議ができます。Microsoft 365またはOffice 365 Enterprise E1、E3、E5のいずれかのライセンス、またはOffice 365 Education A3、A5ライセンスを持つユーザーがライブイベントを作成でき、**最大10,000名の参加者に向けて配信可能**です。近ごろは企業のセミナーなどがオンラインで配信されることも増え、Teamsのライブイベントが利用されるケースも多く見かけます。

ライブイベントの予定は、カレンダーからプロデューサーや発表者を指定して作成します。プロデューサーは視聴者に表示される画面をコントロールできる役割で、発表者はプレゼンテーションを行う役割です。

［ライブイベントのアクセス許可］では、配信先を指定します。例えば、社内で行われる社長の経営方針発表などは［組織全体］に設定し、社員であれば誰でも視聴できるようにするといいでしょう。

一方で、社外に向けて行うセミナーなどは［パブリック］に設定し、URLを知っている人であれば誰でも視聴可能にします。ただし、視聴者に対してイベントのURLを共有する機能は用意されていません。参加の管理やURLの共有には、別の仕組みを用意しておく必要がある点に注意しましょう。

ライブイベントで利用する機能は［ライブイベントの生成方法］から選択できます。配信中に視聴者から質問を受け付けるには［Q&A］を有効にしましょう。

カレンダーの❶［新しい会議］→❷［ライブイベント］を順にクリック。

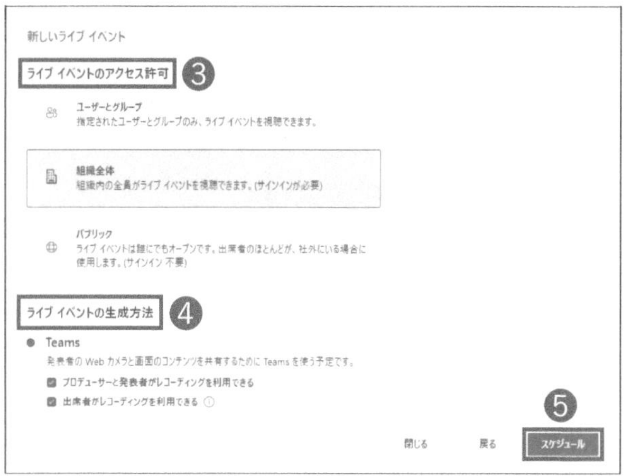

イベントの情報を入力し、プロデューサーと発表者を追加して［次へ］をクリックすると、ページが切り替わる。❸［ライブイベントのアクセス許可］を選択し、❹［ライブイベントの生成方法］で有効にする機能にチェックを付けて❺［スケジュール］をクリックすると、ライブイベントが作成される。

プロデューサーは2画面を確認する

プロデューサーがライブイベントに参加すると、プロデューサー専用の画面が表示されます。視聴者に表示される［ライブイベント］の画面と、次に表示する［キュー］の画面の2つを確認しながら進めることが可能です。

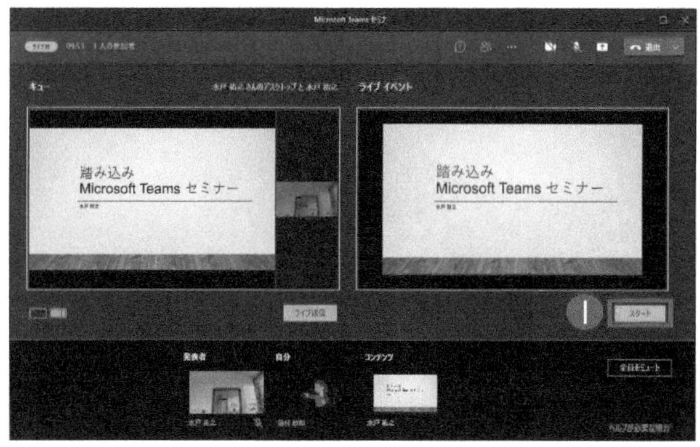

プロデューサーは［ライブイベント］と［キュー］の2つの画面を同時に確認できる。❶［スタート］をクリックすると、イベントの配信が開始する。

発表者の操作はビデオ会議と同様

発表者がライブイベントに参加すると、いつものビデオ会議と同じような画面が表示されます。プレゼンテーションを行うには画面を共有し、プロデューサーに表示を確認してもらいます。ここで**共有できるコンテンツは、デスクトップとウィンドウの2種類**です。PowerPointやホワイトボードの共有はできません。

カメラの映像を映すことは可能なので、必要に応じて使いましょう。プロデューサーや他の発表者との連絡には、会議チャットを利用できます。

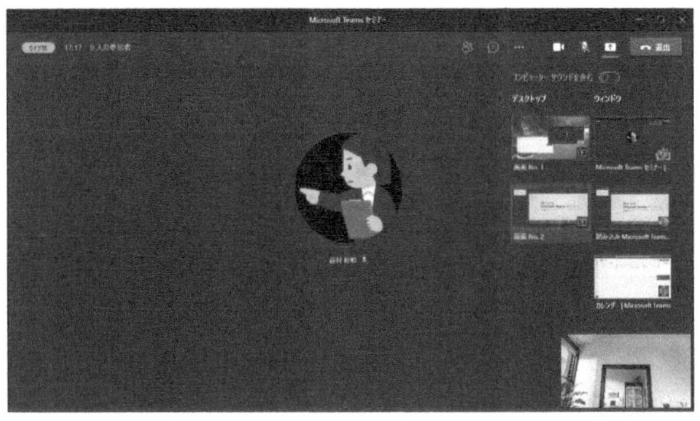

発表者は、通常のビデオ会議と同様の操作でプレゼンテーションを実施できる。

視聴者は追いかけ再生も可能

視聴者は、共有されたURLにアクセスすることで、パソコンやスマートフォンのTeamsアプリや、ブラウザーを利用してライブイベントを視聴できます。視聴中は聞き逃した箇所をさかのぼって確認したり、Q&Aを利用して質問したりできます。2倍速再生でプレゼンテーションの内容を追いかけることもでき、便利です。

視聴者は、聞き逃した箇所に戻ったり、質問したりしながらイベントを視聴できる。

第 4 章

アプリと個人の設定

Teamsに追加すると便利なアプリや、
快適に操作するための設定方法などを
紹介しています。

アプリを追加して
情報の拠点としての役割を高める

Teams アプリ／固定

さまざまなサービスをTeams上で利用可能

Teamsには、ユーザーが個別にアプリを追加できるという特徴があります。アプリはMicrosoftが提供するものだけでなく、サードパーティが提供するものも多くあり、それぞれインストールすることで利用可能です。

アプリを利用することで、Teamsを経由してさまざまなツールを素早く利用できるようになります。活用が進めば進むほど、自分が必要な**情報にアクセスする拠点としてのTeamsの役割が高まる**ことでしょう。

インストールしたアプリの中でも、よく利用するアプリは[固定]して常にメニュー上に表示しておくと、アプリをワンクリックで起動できて便利です。メニューのアプリはドラッグ＆ドロップで並べ替えることもできます。

また、アプリの中には「ポップアウトアプリ」として、別ウィンドウで起動できるものもあります。

❶[アプリ]をクリックすると、追加可能なアプリが一覧で表示される。❷[すべてのアプリを検索する]に文字を入力すると追加したいアプリを検索できる。インストールするには❸アプリ名をクリック。

アプリの説明画面が表示された。❹［追加］をクリック。

アプリがインストールされ、Teams上で表示された。❺アイコンを右クリックして❻［固定］をクリックすると、アイコンが常にメニューに表示されるようになる。固定表示をやめるには、再びアイコンを右クリックして［固定表示を解除］をクリック。❼［さらに追加されたアプリ］をクリックすると、これまでにインストールしたアプリを確認できる。

メニューのアイコンを右クリックして［ポップアウトアプリ］をクリックすると、アプリが別ウィンドウで起動する。チームの画面を参照しながら、アプリも同時に操作可能。

IT管理者があらかじめアプリを追加する

社内で利用したいアプリが決まっている場合、IT部門などの管理者が操作できるTeams管理センターから、ユーザーに利用してもらうアプリをあらかじめ追加しておくことができます。設定がユーザーに反映されると、各ユーザーが個別でインストールやピン留め（固定表示）をしなくても、メニューにそのアプリが表示された状態になります。アプリの存在に気付きやすくなることで、より利用されやすくなることが期待できます。

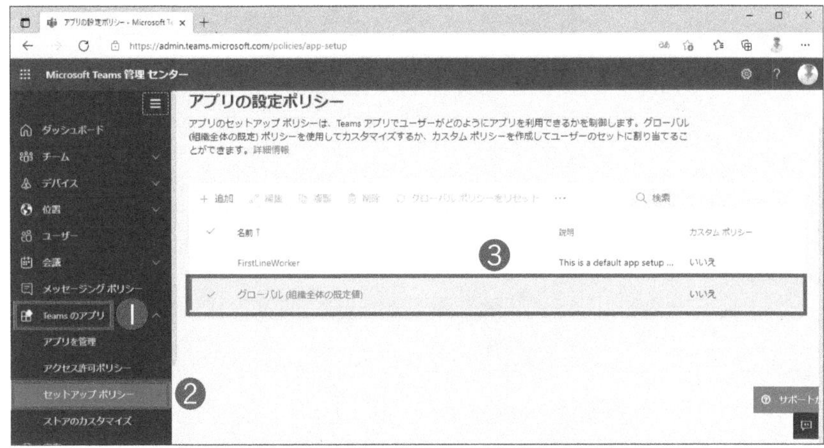

Teams管理センターの❶［Teamsのアプリ］→❷［セットアップポリシー］を順にクリック。続いて［アプリの設定ポリシー］の❸［グローバル（組織全体の既定値）］をクリック。

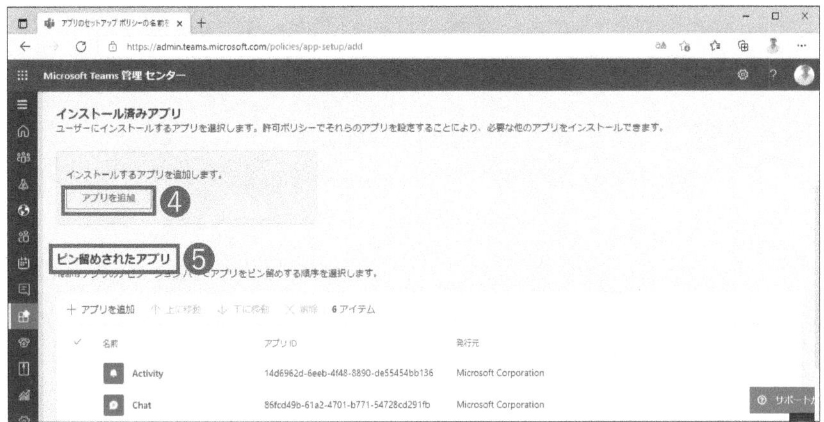

［インストール済みアプリ］の❹［アプリを追加］から、各ユーザーの環境にあらかじめインストールしておくアプリを指定可能。❺［ピン留めされたアプリ］で、追加したアプリをメニューに常に表示した状態に設定できる。

Teamsからの利用が特に便利なアプリ

Yammer／Planner および To Do のタスク／OneNote

Teams上でYammerの通知を受け取る

Microsoft 365では、社内SNSである「Yammer」を利用できます。Teamsが日常の業務で関わりのある、チームのメンバー同士でのコミュニケーションに向いているのに対して、**Yammerは同じテーマに興味のある従業員同士での情報共有など、より広範囲なコミュニケーションに向いています。**

筆者の社内でもYammerがよく利用されています。Microsoft 365の情報を共有するコミュニティや、自社で扱う製品の情報や顧客からの意見を共有するコミュニティ、製品の担当者や開発者に質問ができるQ＆Aフォーラムのようなコミュニティ、小さな子どもを持つ従業員同士が情報を共有するコミュニティ、社内のサークル活動のメンバーが集うコミュニティなど、用途は多岐にわたります。

通常、Yammerを表示するにはブラウザーからアクセスする必要があります。しかし、TeamsにYammerのコミュニティアプリをインストールしておけば、わざわざブラウザーを開くことなくコミュニティの情報にアクセスできます。それだけでなく、Yammer上で受け取るメンションやお知らせの投稿通知も、Teamsで確認可能です。

❶［さらに追加されたアプリ］をクリックし、❷［アプリを検索］に「コミュニティ」と入力すると、❸［コミュニティ］アプリが表示される。クリックするとアプリの説明画面が表示されるので、［追加］をクリック。

テレワークでは、休憩スペースでの会話のような、従業員同士の気軽なコミュニケーションの機会が少ないことが、よく課題に挙げられます。TeamsとYammerを組み合わせることで、**仕事をしながらふとしたときに他の従業員の情報に触れることが可能**になり、そこからコミュニケーションが生まれることもあります。

Yammerを利用して行えるような、緩やかなコミュニケーションも今後の働き方には重要になっていくでしょう。

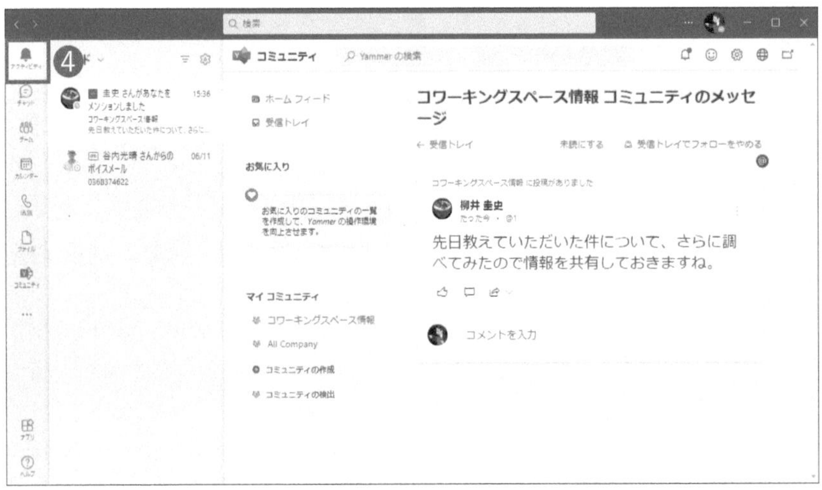

コミュニティアプリを追加したTeamsでは、Yammerの通知を受け取ることができる。❹［アクティビティ］からも確認可能。

チャネルを横断してタスクの管理ができる

業務を進めるうえで、個人のタスク管理やチームで共同で作業をするためのタスク管理などは重要です。これまで、タスク管理はそれぞれツールを用意し、切り替えながら行う必要がありましたが、Teamsで「PlannerおよびTo Doのタスク」を使うことで一元的に管理できます。

このアプリでは、自分の「個人的なタスク」や、P.69で紹介したような、各チームのチャネルに個別に追加したPlannerで担当者として割り当てられた「自分に割り当て済み」のタスクを、一覧で確認できます。また、チャネルに追加されたタスクをこのアプリから表示し、期限や担当者の管理などを行うこともできます。**各チャネルを行き来して確認するよりも効率的**です。

個人的なタスクの管理だけでなく、各チームでPlannerのタブを利用したタスク管理が増えれば増えるほど、手放せないアプリになります。

Plannerおよび To Doのタスクを追加し、❶［自分に割り当て済み］をクリックして表示すると、各チャネルで自分に割り当てられたタスクがまとめて表示される。❷［新しいリストまたはプラン］で個人用のタスクを管理する❸リストの作成が可能。

❹［共有プラン］をクリックすると、そのチームのチャネルにあるPlannerの一覧が展開する。❺チャネルのPlanner名→❻［ボード］を順にクリックすると、チャネルに追加したボードが表示される。

さまざまな情報を記録できるOneNote

OneNoteはテキストだけでなく、リンクや画像、手書きのメモや音声など、さまざまな形で情報を残すことができます。P.68では、チャネルのタブとしてチームのメンバーで共有されるOneNoteのノートブックを作成しました。これとは別に、他の人と共有されない個人用のノートを作成しておくと、さまざまな情報をメモでき、より柔軟に使えます。

OneNoteには専用のパソコンアプリやスマートフォンアプリもありますが、Teamsの「OneNote」アプリからも利用でき、ここから個人用のノートも表示できます。すでにOneNoteを活用しているユーザーであれば、作成済みのノートに切り替えることも可能です。Teamsから利用することで、チャット中にメモを確認するなど、より気軽にアクセスできます。

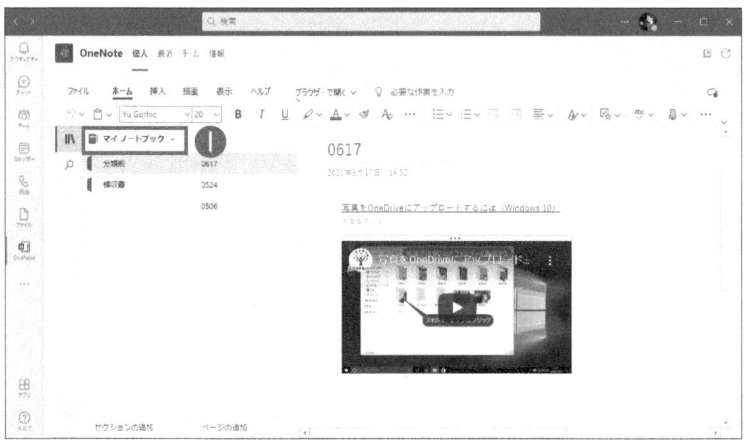

OneNoteアプリを使うと、個人のノートブックもTeamsから利用できる。❶ノートブック名をクリックすると、利用可能なノートブックの一覧が表示され、切り替えることができる。

スマートフォンアプリのOneNoteでメモした情報も、Teamsのアプリから確認可能。

チームのノートを素早く表示する

TeamsのOneNoteアプリの特徴として、**チャネルのタブで共有されているノートブックを一覧で確認できる**ことがあります。アプリの［チーム］タブを見ると、チームごとにノートがまとめて表示されています。クリックすると、そこから直接チームのタブにアクセスできます。

参加している複数のチームでOneNoteが利用されているときは、チャネルを個別に確認する必要がなくなり、効率的に利用できるようになります。

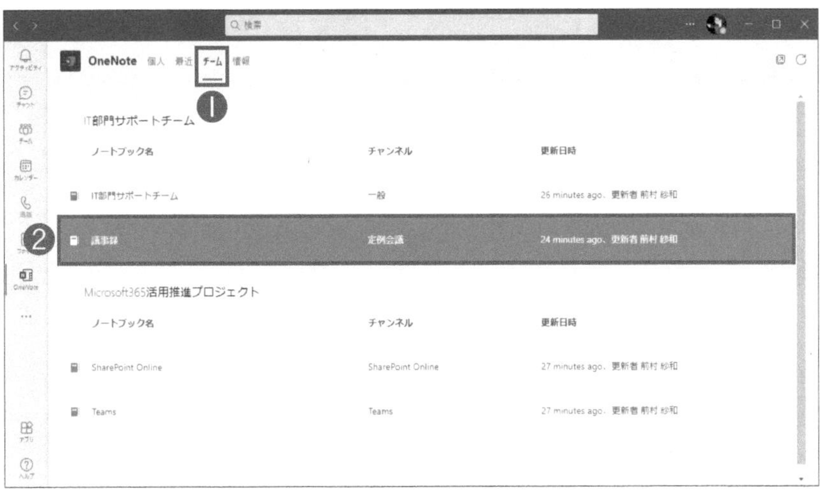

OneNoteアプリの❶［チーム］タブをクリックすると、チームごとに各チャネルに追加されたノートブックを確認できる。❷ノートブックをクリック。

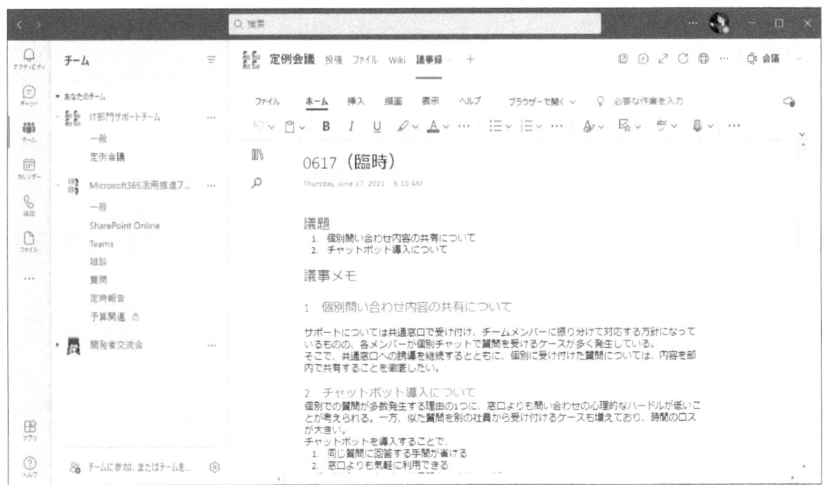

チャネルのノートブックタブに切り替わり、ノートの内容が表示された。

Power Platformアプリでより高度に活用する

Power Platform ／ Power Apps ／ Power Virtual Agents

Power Platformに複雑なコードは不要

Microsoftが提供するサービスに「Power Platform」と呼ばれるものがあります。これを使うと、各ユーザーが複雑なプログラミングコードを書くことなく、パソコンやスマートフォンで利用できるアプリや、自動連携処理、チャットボットなどを作成できます。

こうしたPower Platformで作成するアプリはTeamsからも利用できます。また、アプリをインストールしておくことで、Teams上での作成も可能です。これによって**Teamsで行うことができる業務の種類も増え、より活用の幅が広がります。**

ワザ25（P.92）で紹介した、自動連携処理を作成するPower AutomateもPower Platformの機能のひとつです。ここでは、業務アプリを作成できるPower Appsと、チャットボットを作成できるPower Virtual Agentsを紹介します。

データベースアプリをPower Appsで作る

Power Appsアプリでは、パソコンやスマートフォンで動作する業務アプリを作成できます。データベースに情報を追加して保存したり、入力されたデータを参照したりするような用途のアプリが多いです。

TeamsのPower Appsアプリで作成するとチームに紐づくので、特別な設定をしなくてもメンバーと共有できます。その分、チームが削除された場合は、作成したアプリやそのデータベースもすべて削除されるので、注意が必要です。作成したアプリは紐づけられたチームのチャネルのタブに追加でき、パソコンやスマートフォンから利用可能です。

作成した直後のアプリはテンプレートがベースになっていますが、レイアウトや機能は自由に編集できます。複雑なアプリを作ることもできますが、まずはテンプレートをもとに、データの入力や参照など、簡単な機能でできる業務からはじめてみるのがいいでしょう。

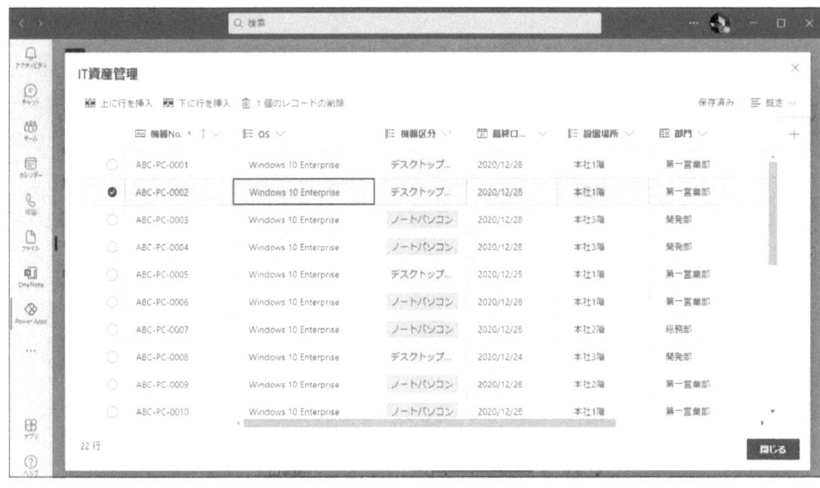

Power Appsでアプリ用のデータベースを作成すると、作成するアプリから容易にデータを入力したり参照したりできる。

作成したアプリはパソコンだけでなく、スマートフォンからも利用できる。

チャットボットを作成できるPower Virtual Agents

Power Virtual Agentsを使うと、Teams上で動作するチャットボットを作成できます。チャットボットとは、チャットに自動応答するようにプログラムされたボット(ロボット)で、ユーザーとの会話により何らかの業務を進めることができるものです。

近ごろでは、企業のホームページなどにも「何かお困りごとはありませんか?」という表示とともにチャット画面が出てくることがありますが、それもチャットボットの例です。社内の業務でも、ユーザーからの問い合わせ窓口としての利用を検討する企業が増えています。

Power Virtual Agentsアプリでは、画面上で「どのようなキーワードに反応させるか」「会話の流れはどうするか」など、会話のシナリオを定義してチャットボットを作成します。設定したキーワード以外にも、類似したキーワードをAIが自動的に判別して回答を選択するなど、高度な機能を意識することなく利用できます。

作成されたチャットボットは、Teamsのチャットで呼び出して利用します。他のユーザーと会話をするときと同じように、ボットとのチャットが可能です。

TeamsのPower Virtual Agentsで作成したチャットボットは、Power Appsのアプリと同様にチームに紐づいています。チームが削除されると作成したチャットボットも削除されるので、注意が必要です。

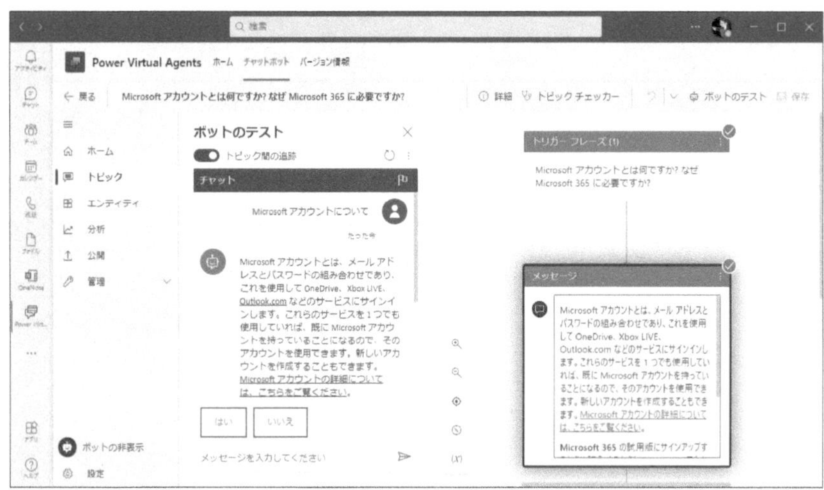

Power Virtual Agentsを使うと、Teams上で動作するチャットボットを作成できる。

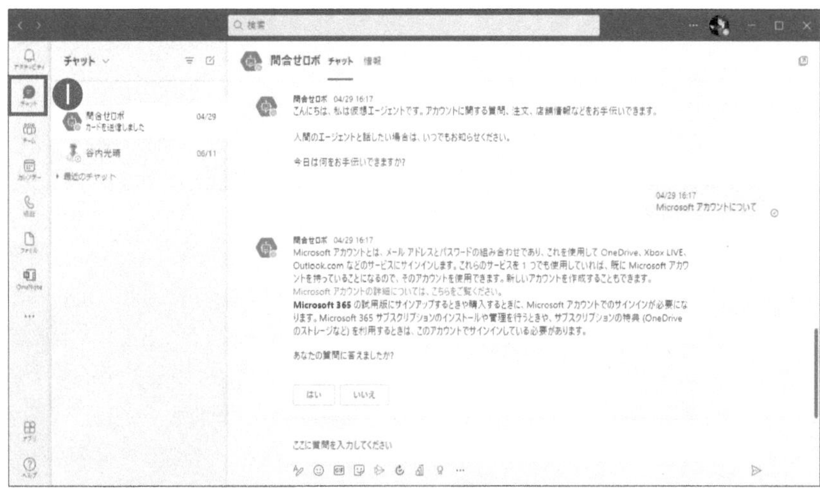

チャットボットは❶［チャット］で呼び出して利用する。

画面を見やすい大きさに調整する

ズーム

Teamsの表示倍率を設定する

Teamsの画面は拡大したり縮小したりできます。文字が小さく見づらかったり、より多くの情報を表示したりするのに有効です。

表示サイズの変更は［ズーム］から行えますが、Ctrlキーを押しながらマウスホイールを動かすことでも操作可能です。他にはショートカットキーでも設定でき、Ctrl＋Shift＋;キーでズームイン（拡大）、Ctrl＋-キーでズームアウト（縮小）します。

不意に表示サイズが変わってしまうことがありますが、**Ctrl＋0キーで100%表示にリセットできる**ので、これだけでも覚えておくといいでしょう。

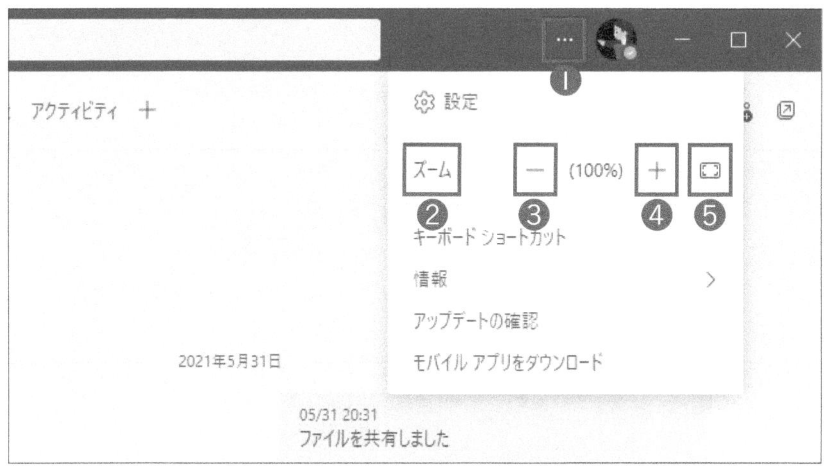

❶［設定など］をクリックすると❷［ズーム］が表示される。❸［ズームアウト］をクリックすると画面内が縮小表示され、❹［ズームイン］をクリックすると拡大表示される。❺［ズームのリセット］で100%表示に戻る。

顔写真を登録してコミュニケーションを円滑にする

プロフィール画像

面識がない相手とも交流しやすくなる

Teamsのプロフィール画像は、自由に設定可能です。チームやチャットでの発言時やユーザーを検索するときなど、さまざまな場所で表示されるため、プロフィール画像が登録されているだけで各ユーザーを認識しやすくなります。特に、**チャットでの発言が誰のものかが視覚的に分かりやすくなる**のは、使っていて実感しやすい効果です。

拠点が複数あるような企業に勤める人やテレワークが多い人は、直接の面識がない人ともTeamsでコミュニケーションを取る機会があるかもしれません。このとき、プロフィール画像に本人の顔写真が登録されていると、それが人柄を知るきっかけにもなります。反対に、プロフィール画像が設定されていない人は、Teamsをあまり利用していないのではないかと思われてしまうこともあるようです。

なお、Teamsで登録したプロフィール画像は、他のMicrosoft 365のサービスにも表示されます。メールの宛先やYammerのユーザーアイコンなどを個別に設定する必要はありません。

❶アイコン画像→❷［プロファイル写真を変更］を順にクリック。

❸［画像をアップロード］をクリックすると［開く］ダイアログボックスが表示され、パソコンに保存している画像を選択できる。アップロードが完了したら❹［保存］をクリックすると、プロフィール画像として設定される。

Teamsでプロフィール画像を設定しておくと、Outlookなど、他のMicrosoft365のサービスにも画像が反映される。

自分だと認識されやすい画像を選ぶ

プロフィール画像に一定のルールを決めている企業もあるようですが、特に決まりがない場合、どのような画像を登録すべきか悩むこともあると思います。**最低限気にすべきなのは、自身が一意に識別できるものであること**です。他のユーザーも利用しているような画像は、プロフィール画像としては効果がありません。

利用の目的が仕事であることを考えると、効果がもっとも高くなるのは本人の顔写真をプロフィール画像にすることです。社員証や証明写真のように真正面を向いた硬い表情である必要はなく、本人の顔が見える写真を設定するのをおすすめしています。企業によってはプロのカメラマンを呼んで、顔写真の撮影会を企画することもあるようです。

大きな企業では特に、顔と名前が一致しない人や、面識がない人とのコミュニケーションも発生します。そうしたときに顔写真のプロフィール画像は、スムーズなコミュニケーションをはじめるための助けになるでしょう。

ボイスメールを設定して相手にメッセージを残してもらう

ボイスメール

留守番電話と同様に使える

Teamsの通話には、不在時や通話に出られないときなどに相手に用件を留守番電話のように吹き込んでもらうことができる、ボイスメールの機能があります。特徴的なのが、音声だけでなく、**自動的に文字起こしされた内容も履歴から確認できる**ことです。また、同様の内容がメールでも届くので、外出先などでも用件を素早く確認できます。

相手がボイスメールを設定している場合、通話を発信したのち、設定された時間が経過したタイミングで通話がボイスメールに自動的に転送されます。設定された応答メッセージによる指示に従って音声を吹き込んだら、通話から退出しましょう。

ボイスメールを設定している相手に連絡したとき、一定時間が経過するとボイスメールに転送される。案内の音声に従ってメッセージを録音して❶［退出］をクリックすると、音声が相手に送信される。

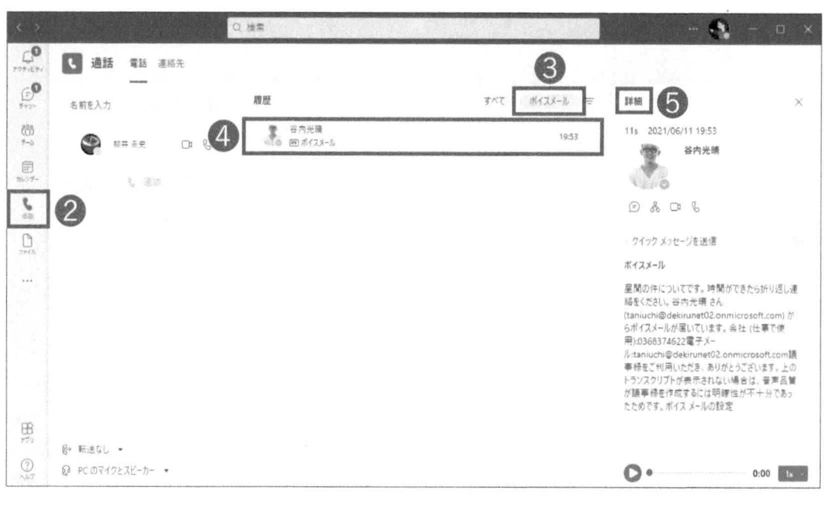

❷［通話］からボイスメールを確認できる。❸［ボイスメール］→❹履歴を順にクリックすると❺［詳細］が表示され、録音された音声を再生したり、内容の文字起こしを確認したりできる。

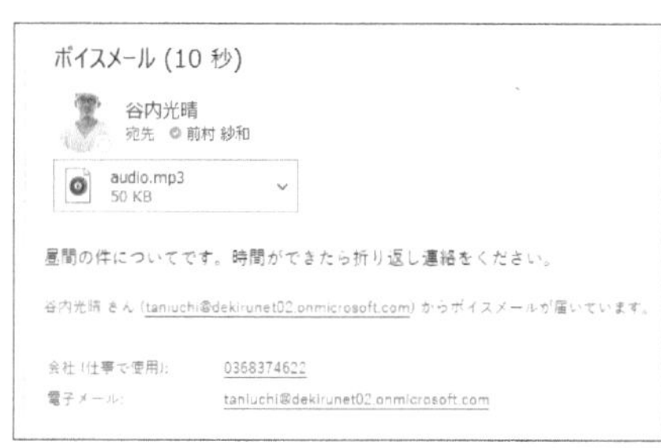

ボイスメールを受信したと同時に、音声と文字起こしされた内容が確認できるメールが転送される。

ボイスメールを受け取る

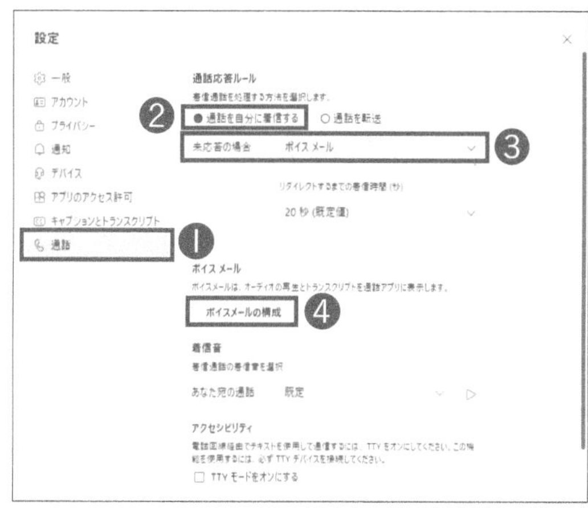

P.187を参考に［設定］を表示して❶［通話］をクリックすると、通話の設定を確認できる。❷［通話を自分に着信する］を選択しておき、❸［未応答の場合］で［ボイスメール］を選択すると、ボイスメールを受信できる。❹［ボイスメールの構成］から不在着信時の音声の設定が可能。

重要度に応じて通知の表示形式を見直す

通知／自動起動／スマートフォンアプリ

3通りの表示を使い分ける

Teamsの利用が進み、所属しているチームの数やチャットの頻度が増えると出てくる不満の代表例が、通知が多すぎることです。通知によって自身の仕事が中断されると、邪魔で煩わしく感じることもあります。

Teamsの更新情報を把握することは大切ですが、それに気を取られて自身の仕事の質を落としてしまっては意味がありません。**自分が働きやすい状態を基準に、設定を見直して通知の量をコントロール**しましょう。

通知の表示方法は「バナー」「フィード」「オフ」の3通りあります。重要度に応じて設定しておくと、快適な作業環境を構築できます。

P.187を参考に［設定］を表示して❶［通知］をクリックすると、Teamsの通知に関する設定画面が表示される。

重要度：高　バナー

デスクトップの右下に、ポップアップで表示される通知です。通知音が再生されるためもっとも気付きやすい反面、もっとも気を取られてしまう通知でもあります。重要なもののみに設定しておきましょう。

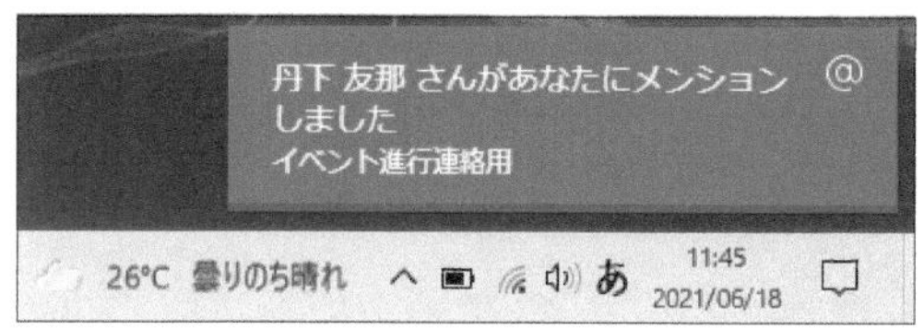

バナーによる通知は、通知音とともにデスクトップの右下に表示される。

重要度：中　フィード

Teamsの［アクティビティ］に表示されるものがフィードです。新たな通知が届くとアクティビティのアイコンにバッジが付くほか、タスクバーのTeamsアイコンにもバッジが付くので、通知に気付くことができます。

通知の設定にはバナーと組み合わせた［バナーとフィード］の他、［フィードのみに表示］を選択できるものもあります。常に確認する必要がない連絡はこの設定にしておき、自身の作業がひと段落したときに確認すれば、まとめて通知の内容を処理できます。

❶［アクティビティ］をクリックすると、Teamsに届いた通知をまとめて確認できる。バナーに表示しないように設定した通知も、フィードでは受け取ることが可能。

重要度：低　オフ

オフに設定した通知はバナーも表示されず、アクティビティにも表示されません。自分にとって必要のないやりとりが行われているチャットやチャネルなどの通知は、オフに設定しておきましょう。この場合でも、チャットやチームの一覧では、更新のあったものが太字で表示されるので、後から気付くことができます。

メールの通知はオフでもよい

Teamsを利用していないときに届いた通知を、メールで受信するよう設定できます。しかし、**Teamsを常に利用しているのであれば、メールの通知は不要な場合が多い**です。むしろ、メールボックス内で邪魔な存在になってしまいます。

そのため、メールの設定は［オフ］にしておくのがおすすめです。有効にする場合でも［8時間おき］や［1日1回］などの設定にとどめておくのがいいでしょう。

バナー内の表示とサウンドを設定する

表示とサウンドでは通知のスタイルのほか、メッセージのプレビューの表示、通知サウンドの有無を設定できます。通知のスタイルで［Windows］を選択すると、Windowsの通知と統合されて表示されます。これによって、Teamsを開かなくてもバナー通知の内容を確認可能です。

メッセージのプレビュー表示では、チャットの新着メッセージの通知を受け取ったとき、バナーにメッセージの詳細を表示するかどうかを設定できます。オフにしておくと、他の人に覗き見られて困るようなことがなくなるので、気になる場合は設定しておきましょう。

通知のサウンドをオフにすると、通話の着信音も鳴らなくなってしまいます。よほどの理由がない限りは、オンにしておくのがいいでしょう。

［通知のスタイル］を［Windows］にすると、Windowsの通知のスタイルでTeamsのバナー通知が表示される。❶［〇件の新しい通知］をクリック。

アクションセンターが表示された。Teamsの通知もまとめて確認できる。

チームとチャネルの通知の既定値を設定する

チームとチャネルの通知設定には［すべてのアクティビティ］［メンションと返信］［カスタム］の3種類あります。ここでは［カスタム］を選択して通知の設定を見直します。

個人に対するメンションは重要であることが多いため［バナーとフィード］で通知を受け取るようにします。一方で、チームのメンションやチャネルのメンションなど、メンバーに広く送られたメッセージは、［フィードにのみ表示］するよう一段重要度を下げてもいいでしょう。さらに、いいね!などのリアクションは、通知として受け取る必要がないと考えることもできます。

ここでの［表示およびピン留めされたチャネル］の通知設定は、チャネルの通知設定の既定値になります。重要なチャネルの通知はワザ15 (P.60) を参考に、チャネルごとにも設定できます。

次ページの画像は、筆者の通知設定の例です。それぞれの重要度を考慮し、バナーとフィード、通知のオフを使い分けて設定しています。

< 設定に戻る
カスタム
すべてのチームとチャネル
個人 @メンション　バナーとフィード
チームのメンション　フィードにのみ表示
自分が開始した会話に対する返信　フィードにのみ表示
自分が返信した会話に対する返信　フィードにのみ表示
いいね! とリアクション　オフ
表示およびピン留めされたチャネル
すべての新しい投稿　オフ
このチャネルに投稿があるたびに通知する
すべての返信を含む
チャネルのメンション　フィードにのみ表示
このチャネルにメンションがあるたびに通知する
初期設定に戻す

[設定] の [通知] で [カスタム] をクリックすると、通知の表示形式を細かく指定可能。

チャットの通知は個別に設定する

チャットの通知も、重要度を考えながら設定していきます。バナーで通知を受け取るのを基本に、通知が不要なチャットはワザ31 (P.116) を参考に、チャットごとにミュートするのがおすすめです。ただし、リアクションについてはオフにしてもいいでしょう。

< 設定に戻る
チャット
@メンション　バナーとフィード
返信　バナー
いいね! とリアクション　オフ

[設定]の[通知]で[チャット]の[編集] をクリックすると、チャットの通知を設定できる。

会議の通知設定は既定値が便利

会議の通知設定では、会議開始時の通知の設定ができます。既定では、スケジュールされた会議に誰かが最初に入室したタイミングで、バナー通知が送信されます。この通知があることで、**うっかり会議に参加するのを忘れてしまう事態を防げます**。作業に集中しているときなど、筆者もこの通知に助けられたことが多くあります。

会議チャットの通知は「自分が参加またはメッセージを送信するまでミュート」が既定値です。特に自分の発表中など、会議中にチャットの通知が届くのを嫌ってミュートにする人も多いようですが、会議の前後でも会議チャットを利用したいため、筆者は既定値のまま利用しています。

［設定］の［通知］で［会議］の［編集］をクリックすると、会議と会議チャットの通知を設定できる。既定では、予定された会議に最初のユーザーが入室したタイミングで、バナー通知が表示されるようになっている。

他のユーザーの状態を通知で受け取る

ユーザーの通知を設定すると、指定したユーザーがオフラインになったり、連絡可能になったりしたタイミングで、バナーで通知を受け取ることができます。例えば、上司とどうしても通話で会話をしたい場合に設定し、連絡可能なタイミングが通知されたら話しかけるような使い方が可能です。通常時は邪魔になることが多いので、必要のないときはオフにしておきましょう。

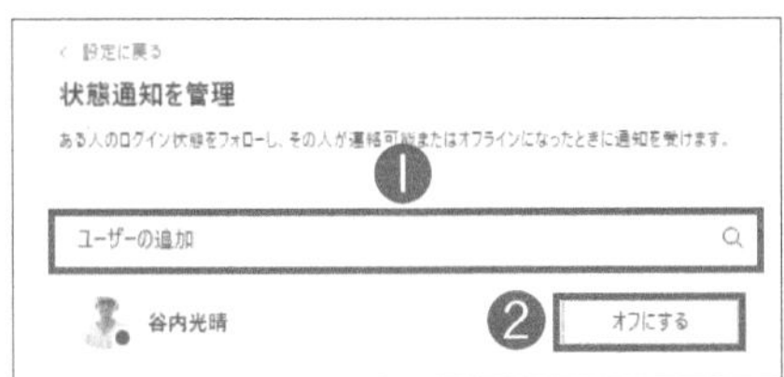

［設定］の［通知］で［ユーザー］の［編集］をクリックすると、❶［ユーザーの追加］で状態通知を表示したユーザーを検索し追加できる。必要のないときは❷［オフにする］をクリックして解除しておく。

指定したユーザーの状態が変更されると、バナーで通知が届く。

バックグラウンドで起動させておく

他のユーザーからのメンションやチャット、会議への出席依頼などの通知をいつでも受け取るには、Teamsを常時起動しておく必要があります。しかし、Teamsを使用しない業務中でも、常にウィンドウを表示しておくのは煩わしいものです。中には、知らず知らずのうちにウィンドウを閉じてしまい、通知が受け取れなくなるのではと不安に思う人もいるかもしれません。

このような場合、**パソコンの起動と同時にTeamsが起動するよう設定したうえで、バックグラウンドでもアプリが動作するよう設定しておく**と便利です。

自動起動の設定はTeams上で行えます。[アプリケーションの自動起動] にチェックを付けると、パソコンの起動と同時にTeamsが起動します。このとき[バックグラウンドでアプリケーションを開く] にもチェックを付けておくと、ウィンドウは表示されず、タスクバーの通知領域の中で起動します。ウィンドウを閉じてもバックグラウンドで実行したい場合は、[閉じる時に、アプリケーションを実行中のままにする] にチェックを付けてください。

こうした設定は各ユーザーの好みにあわせて設定すれば問題ありません。筆者の場合は [アプリケーションの自動起動] [バックグラウンドでアプリケーションを開く] [閉じる時に、アプリケーションを実行中のままにする]の3つすべてにチェックを付けて利用しています。

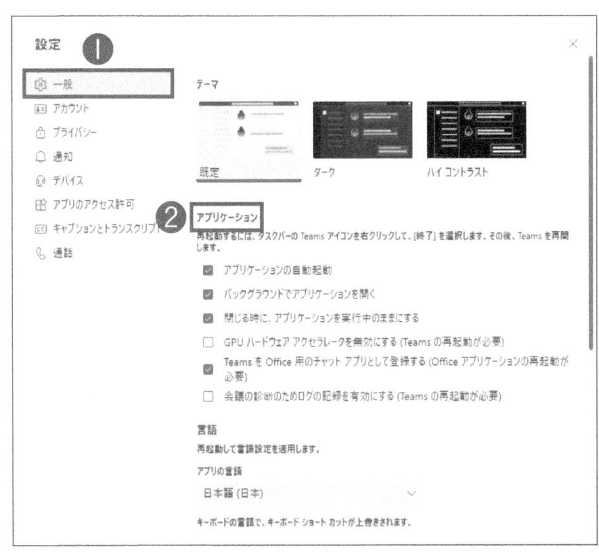

P.187を参考に [設定など] → [設定] をクリックすると、[設定] 画面が表示される。❶ [一般] をクリックすると❷ [アプリケーション] が表示され、ここからアプリの起動に関する設定ができる。

スマートフォンの独自の通知を設定する

スマートフォンのTeamsアプリでは、パソコンとは別に通知の設定ができます。スマートフォン特有の通知設定として、通知を受け取らない時間や曜日を設定可能です。Teamsはチャットなどで気軽に利用できる分、仕事と休暇のオン／オフをしっかり設定することも重要です。夜間や休日は、通知をオフにしておきましょう。

また、会議中の通知をオフにしておくと、スマートフォンを使って会議に参加中に画面の中に通知が表示され、気が散ってしまうことを防げます。

他には、パソコンでTeamsを利用しているときに、スマートフォンでは通知を受け取らないように設定可能です。これによって、パソコンとスマートフォンで同じ通知を受け取るのを防げます。

筆者は、パソコンとスマートフォンの両方で通知を受け取るようにしています。いつもパソコンの横にスマートフォンを置いて仕事をしているため、通知が届いたときにそのスマートフォンに目をやるだけで内容を確認できるからです。このあたりは、個人の好みによって設定を使い分けましょう。

❶アイコン→［通知］を順にタップ。

通知の設定画面が表示された。❷［通知をブロック］で、スマートフォン独自の通知設定が可能。

開発中の機能をチェックして今後の活用に向けて準備する

メッセージセンター／Microsoft 365 ロードマップ

メッセージセンターで新機能の詳細を確認する

新しい機能の提供が近づくと、詳細な情報がMicrosoft 365 管理センターの「メッセージセンター」に届きます。IT部門などの管理者しか見ることはできませんが、機能の説明や具体的な提供時期、場合によってはオプトアウトや無効化するための手順なども記載されています。**管理者は週に1度くらいは確認**し、重要な情報が届いていないかを確かめましょう。

新しい機能も次々に提供されるTeamsですが、ユーザーがそれを活用するにはどういった機能が提供されるのか、それによって何ができるのかなどを適切に知ることが重要です。そのためにも、管理者や利用推進の担当者は、こうした情報をいち早く確認し、ユーザーへのアナウンスや社内教育などに活用しましょう。

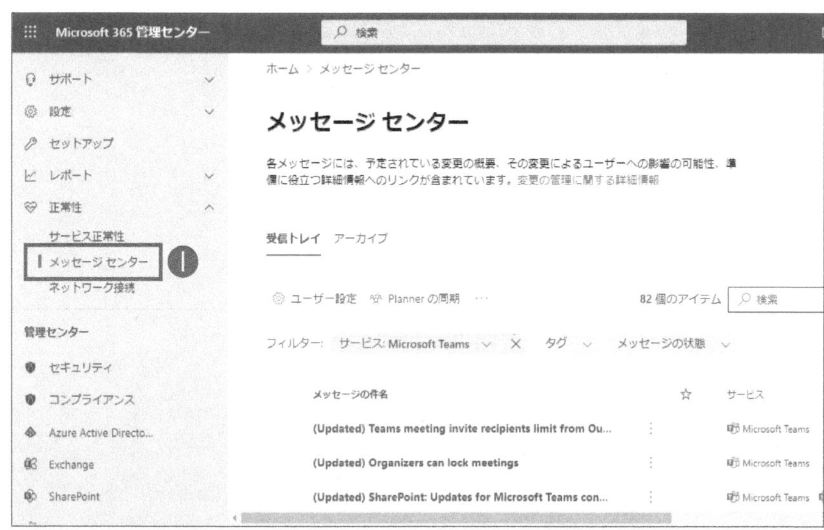

❶［メッセージセンター］には、提供が近づいた機能の詳細が表示される。

ロードマップで開発中の機能が分かる

数カ月先の新機能を知りたい場合は「Microsoft 365ロードマップ」のサイトを見てみましょう。このサイトでは、開発中の機能やユーザーに提供を開始している展開中の機能、過去数カ月でユーザーに展開された提供中の機能の概要を確認できます。

企業向けに提供される機能は、タグに「Worldwide (Standard Multi-Tenant)」が入っています。それだけでも、本書執筆時点で140以上の機能が開発中になっているので、今後も大小含め多くの機能が追加される予定だと分かります。

以下の例では、ビデオ会議に参加する前に、カメラ映像の明るさやカメラのフォーカスを調整できる、ビデオフィルター機能について記載されています。状態が「In development」であることから、開発中だと分かります。本書執筆時点でのリリース時期は「August CY 2021」となっており、Calendar Year（暦年）の8月に予定されているようです。あくまで計画なので、必ずしもリリース時期通りに提供されるとは限りませんが、今後提供される機能を知るには非常に有益な情報です。

Microsoft 365 ロードマップ
https://www.microsoft.com/ja-jp/microsoft-365/roadmap?filters=Microsoft%20Teams

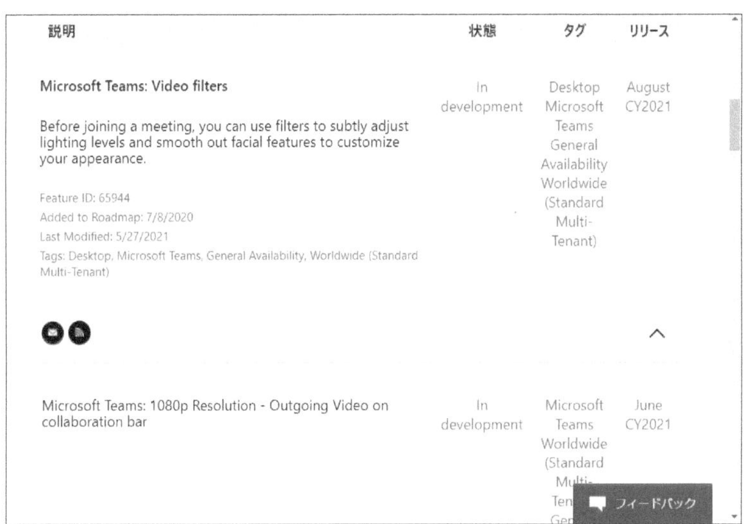

ロードマップには、リリース予定の機能や開発状況が掲載されている。

いち早く新機能を試して社内に適切に案内する

パブリックプレビューモード

一部のユーザーで新機能を試す

Teamsの新機能は毎月のように追加されていくため、それらを社内のユーザーに適切に利用してもらえるよう、アナウンスをするだけでも大変です。新しい機能のユーザーへの影響を事前に評価し、場合によってはマニュアルを作成するなどの準備も必要になるでしょう。パブリックプレビューモードにすると、Teamsの新機能をいち早く試すことができるので、**機能が展開される前の準備に役立ちます**。

パブリックプレビューモードを利用できるユーザーは、管理者によって社内の一部に制限できます。主にIT部門や社内ヘルプデスクの担当者が、利用できるように設定されている場合が多いです。他にも、近ごろは社内の業務改善を専任で行う部署を設けている企業も多く、そこで情報システムの活用を推進している担当者にも、パブリックプレビューを利用できるようにしていることもあります。

注意点として、パブリックプレビューモードではMicrosoftのサポートを受けられないことがあります。そのため、もしも不具合があれば、設定を元に戻して利用してください。そうした事情もあるため、一部のメンバーで、新機能の評価を目的に利用するのがいいでしょう。

どういった機能が提供されているのかは、以下のURLのフォーラムから確認できます。パブリックプレビューを試す場合は、定期的に確認しておきましょう。

Microsoft Teams Public Preview
https://techcommunity.microsoft.com/t5/microsoft-teams-public-preview/bd-p/MicrosoftTeamsPublicPreview

パブリックプレビューモードを有効化する

パブリックプレビューモードを有効化して利用するには、IT部門などの管理者がTeams管理センターから設定する必要があります。

ポリシーが反映されたユーザーは、メニューから［パブリック プレビュー］を選択できるようになります。選択後はTeamsの再起動が求められるため、再起動してサインインすると新機能を試すことができるようになります。

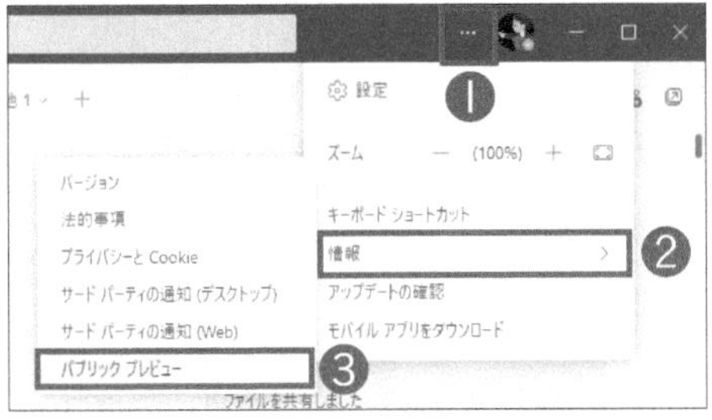

管理者によって指定されたユーザーは、❶［設定など］をクリックして❷［情報］から❸［パブリックプレビュー］にチェックを付けると新機能を利用できる。チェックを外すと通常のモードに戻る。

更新ポリシーを追加する

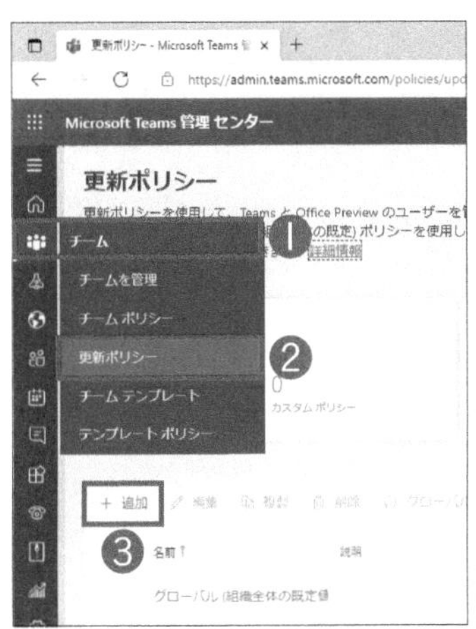

❶［チーム］の❷［更新ポリシー］をクリックすると、［更新ポリシー］が表示される。❸［追加］をクリック。

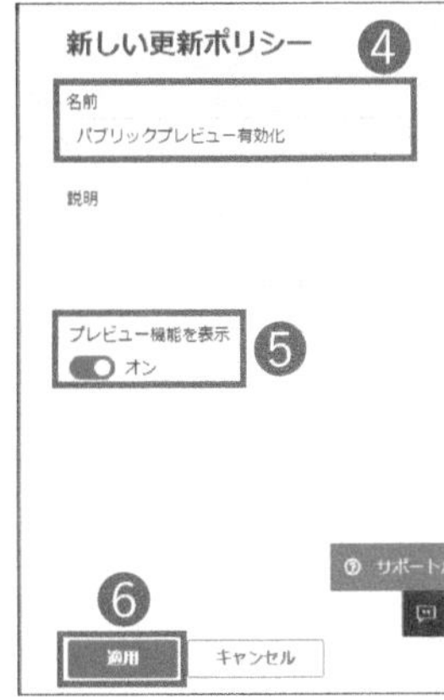

［新しい更新ポリシー］が表示された。❹［名前］を入力し、❺［プレビュー機能を表示］をオンにして❻［適用］をクリックすると、パブリックプレビューモードを利用できる更新ポリシーの作成が完了する。

ユーザーを指定する

❶[ユーザー]をクリックし、❷[検索]で機能を有効化するユーザーを検索して表示する。❸[ポリシーを表示]をクリック。

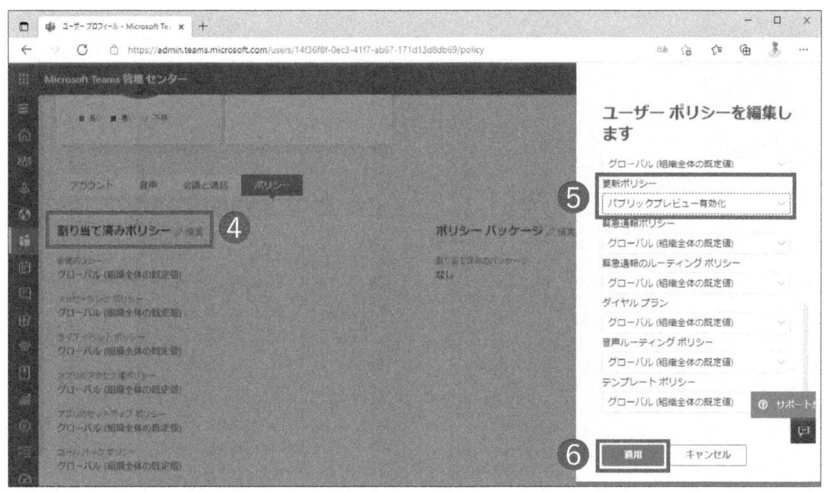

[割り当て済みポリシー]の❹[編集]をクリックすると、[ユーザーポリシーを編集します]と表示される。❺[更新ポリシー]で作成した更新ポリシーを選択して❻[適用]をクリックすると、ユーザーにポリシーが反映される。動作を確認できるようになるまで、最大2時間ほどかかる場合がある。

INDEX

アルファベット

あ

か

さ

た

な・は

ま

や・ら

スタッフリスト

カバー・本文デザイン	三森健太＋永井里実（JUNGLE）
DTP	株式会社トップスタジオ
デザイン制作室	今津幸弘（imazu@impress.co.jp）
	鈴木　薫（suzu-kao@impress.co.jp）
編　集	佐川莉央（sagawa-r@impress.co.jp）
編集長	小渕隆和（obuchi@impress.co.jp）

商品に関する問い合わせ先

このたびは弊社商品をご購入いただきありがとうございます。本書の内容などに関するお問い合わせは、下記のURLまたは二次元バーコードにある問い合わせフォームからお送りください。

https://book.impress.co.jp/info/

上記フォームがご利用いただけない場合の
メールでの問い合わせ先

info@impress.co.jp

※お問い合わせの際は、書名、ISBN、お名前、お電話番号、メールアドレスに加えて、「該当するページ」と「具体的なご質問内容」「お使いの動作環境」を必ずご明記ください。なお、本書の範囲を超えるご質問にはお答えできないのでご了承ください。

- 電話やFAXでのご質問には対応しておりません。また、封書でのお問い合わせは回答までに日数をいただく場合があります。あらかじめご了承ください。
- インプレスブックスの本書情報ページhttps://book.impress.co.jp/books/1120101161では、本書のサポート情報や正誤表・訂正情報などを提供しています。あわせてご確認ください。
- 本書の奥付に記載されている初版発行日から3年が経過した場合、もしくは本書で紹介している製品やサービスについて提供会社によるサポートが終了した場合はご質問にお答えできない場合があります。

落丁・乱丁本などの問い合わせ先

FAX　03-6837-5023
service@impress.co.jp
※古書店で購入された商品はお取り替えできません。

Microsoft Teams踏み込み活用術
達人が教える現場の実践ワザ（できるビジネス）

2021年7月21日　初版発行
2024年6月21日　第1版第5刷発行

著　者　太田浩史
発行人　小川 亨
編集人　高橋隆志
発行所　株式会社インプレス
〒101-0051 東京都千代田区神田神保町一丁目105番地
ホームページ https://book.impress.co.jp/

印刷所　株式会社ウイル・コーポレーション
ISBN978-4-295-01176-7 C3055
Printed in Japan